职业教育校企合作新形态富资源教材

Premiere Pro CC
视频编辑 （第2版）

主　编　张新维　李亚男
副主编　谢　华　赵晓阳
参　编　刘丽静　张宏英

北京理工大学出版社
BEIJING INSTITUTE OF TECHNOLOGY PRESS

图书在版编目（CIP）数据

Premiere Pro CC 视频编辑 / 张新维，李亚男主编
. -- 2 版 . -- 北京：北京理工大学出版社，2023.1 重印
　ISBN 978-7-5763-0480-0

　Ⅰ . ①P… Ⅱ . ①张… ②李… Ⅲ . ①视频编辑软件
Ⅳ . ①TN94

　中国版本图书馆 CIP 数据核字（2021）第 205072 号

出版发行　/　北京理工大学出版社有限责任公司	
社　　　址　/　北京市海淀区中关村南大街 5 号	
邮　　　编　/　100081	
电　　　话　/（010）68914775（总编室）	
（010）82562903（教材售后服务热线）	
（010）68944723（其他图书服务热线）	
网　　　址　/　http://www.bitpress.com.cn	
经　　　销　/　全国各地新华书店	
印　　　刷　/　定州市新华印刷有限公司	
开　　　本　/　889 毫米 ×1194 毫米　1/16	
印　　　张　/　12.5	责任编辑 / 张荣君
字　　　数　/　241 千字	文案编辑 / 张荣君
版　　　次　/　2023 年 1 月第 2 版第 2 次印刷	责任校对 / 周瑞红
定　　　价　/　47.50 元	责任印制 / 边心超

　　《国家职业教育改革实施方案》提出"三教"改革，以培养优秀的社会主义建设者和接班人为根本任务，坚持价值引领、知识探究、能力建设、人格养成四位一体的人才培养模式。在数字媒体专业模块化课程体系的构建中，Adobe Premiere Pro 为专业能力模块下一门核心课程。本次教材修订，围绕课程的培养目标、培养方式、教学内容、教学方法等进行了优化和创新。在学生发展为本的课程目标取向下，通过一个模块一个整体的设计思路进行课程模块化改革。

　　近年来随着科学技术发展的不断升温，影视后期制作也随之兴起。影视后期专业的就业率和薪资通常远高于传统产业。影片剪辑是影视工作者必备基础。Adobe Premiere Pro 非线性视频编辑软件，是最具扩展性、最高效和最精确的视频编辑软件之一。它支持广泛的视频格式，能够使工作更快速，更有创造力，而且无须转换媒体格式，因此受到影视工作者青睐。

　　本书注重校企"双元"教材开发，围绕影视剪辑岗位必须掌握的知识和技能进行编写。基于任务驱动理念，设置 7 大模块，22 个工作任务。任务下设置知识储备、实训案例和技能提升板块，知识学习与技能训练相结合，双螺旋结构稳步提升训练难度。

　　发挥"互联网＋"教材优势，配备"智慧职教"在线开放课程资源库与教材配套二维码学习资源相结合的新形态一体化课程。本次修订在线开放课程设计将传统课程进行结构化设计重构，设计碎片化的教学模式使学生自主选择更快捷、灵活，更具目的性。

　　1. 本书采用校企"双元"制编写模式。校企共同研究制定人才培养方案和课程标准，基于现实企业真实任务转化为教学案例和技能训练任务，展现行业新业态、新水平、新技术、培养学生技能和综合职业素养。

　　2. 丰富的数字化资源。本课程纳入"智慧职教"在线开放课程专业群资源库，学习者便于"线上＋线下"相结合进行学习。均配备教学微课、电子课件、教案及习题库资源。配备超大案例素材库共约 500 组，容量约 8GB。

3. 思政元素融入课程。将进取精神、奋斗精神、工匠精神等有机融合到教材中，加强社会主义核心价值观教育。

4. 模块式编写方法。融入"1+X"标准，以典型工作任务为载体，以学生为中心，以能力培养为本位，注重技能训练为主的编写思路。

本书的使用建议：

本书分为 7 个模块，其中模块 1 主要讲解快速成片技巧，使学生对 Adobe Premiere Pro 软件有一个全面认知。模块 2、3、4、5、6 以企业提供真实任务单为导向，按照循序渐进的方式转化为单个任务，完成整个技能训练流程。模块 7 为综合实训方案，基于前 5 个模块已完成的基础上，整合成一个完整的工作任务。

建议采用"线上 + 线下"混合式教学模式，以"线上理论学习"+"线下工作任务训练"的教学方式进行。建议为 72 学时。实施导程表如下：

《Premiere Pro CC视频编辑》教材教学组织实施导程表

序号	课程模块	学生工作任务		学时分配
1	速成秘诀——"视、音、字"快速成片	任务 1	《企业宣传片头》	8
		任务 2	《海底世界》	
		任务 3	《校园风光片头字幕》	
		任务 4	《皮影艺术》	
		强化考核任务	《儿童视频相册》	2
2	精益求精——精剪技巧与关键帧动画	任务 1	《时装秀》	8
		任务 2	《海边风光》	
		任务 3	《美食节目》	
		任务 4	《落叶纷飞》	
		强化考核任务	《抒情片尾曲》	2
3	增光添彩——百变视频特效	任务 1	《手工作品展》	6
		任务 2	《更换壁画》	
		任务 3	《立体旋转效果》	
		强化考核任务	《风景记录片》	4
4	图文并茂——字幕与字幕特效运用	任务 1	《片头文字动画》	6
		任务 2	《杂志宣传片》	
		任务 3	《宠物鉴赏短片》	
		强化考核任务	《MTV 制作》	4

序号	课程模块	学生工作任务	学时分配
5	魔术世界——调色与抠像技术	任务1 《水墨画》	6
		任务2 《背景替换术》	
		任务3 《影视拍摄抠像》	
		强化考核任务 《回眸一笑》	4
6	绘声绘色——音频渲染与输出	任务1 《校园文化节》	6
		任务2 《音频淡入淡出》	
		任务3 《美丽校园》	
		强化考核任务 《元旦晚会》	2
7	所向披靡——职业教育展示栏目设计	任务1 唐山电视台《蓝色风景线》前期准备	8
		任务2 《培养优秀人才搭建就业桥梁》后期制作	
		强化考核任务 "蓝色风景线"——《"陶艺大赛"新闻报道》	6

本书的编写团队:

本书由张新维老师和李亚男老师担任主编,谢华老师和赵晓阳老师担任副主编,刘丽静老师和张宏英老师参与编写。几位老师来自不同院校,均为本专业双师型一线教师,从事本专业教学均15年以上。张新维老师负责资料收集、任务单设计和审稿,李亚男老师负责全书整体设计、内容选定和统稿。本书模块3由张新维老师编写,模块4和模块5由李亚男老师编写,模块1由赵晓阳老师编写,模块2和模块6由谢华老师编写,模块7由李亚男老师和张新维老师联合编写,线上课程资源库由刘丽静老师和张宏英老师协助制作。唐山柒壹陆广告有限责任公司的莫丹总经理在本书的编写过程中提供了诸多建设性建议,并提供了许多来自一线的案例和数据。

由于编者水平有限,书中难免有不妥之处,敬请广大读者批评指正。

编　者

目前，我国很多职业学校的数字艺术类专业都将 Premiere 作为一门重要的专业课程。为了帮助职业学校的教师全面、系统地讲授这门课程，使学生能够熟练地使用 Premiere 来进行影视编辑，我们与几位长期在职业院校从事一线教学的教师和具有专业影视制作丰富经验的设计师团队合作，共同编写了本书。

根据现代职业院校的教学方向和教学特色，我们对本书的编写体系做了精心的设计，每章按照"课堂实训案例—软件相关功能—课后拓展训练"思路进行编排。力求通过课堂实训案例演练，帮助学生快速熟悉设计制作思路和软件功能；通过软件相关功能解析，帮助学生深入学习软件功能和制作特色；通过课后拓展训练，帮助学生强化拓展实际应用能力。在内容编写方面，力求细致全面、重点突出，每个案例中都加入了知识拓展环节，为学习提点本案例中需要注意的各类事项与技巧；在文字叙述方面，力求言简意赅、通俗易懂；在案例选取方面，强调案例的针对性和实用性。

本书配套内容免费下载，全面满足教育者与学习者的使用要求。按照"十三五"规划的课程标准，制订详细的授课计划。本书共 12 章，总计 72 学时。针对分配的学时，制定合理的编写内容。本书共有 25 个完整实例，1 组大型实战演练实例，11 个强化拓展训练实例。案例素材超大容量约 10GB，视音频图片素材共约 500 组。我们力求通过近百个完整实例的学习，使学习者完成从新手到高手的转变，能够更加自信地步入社会，在电视台、广告公司、影视公司、动漫公司等从事相关工作。

针对教师教学部分：《Premiere Pro CC 视频编辑》课程标准、教学工作手册、学期授课计划、教案、教学用 PPT 课件、案例视频与完整素材包等。

针对学习者部分：《Premiere Pro CC 视频编辑》案例讲解微课视频、实训指导书、完整的强化练习案例素材、免费软件下载等。

各章参考学时分配表

章节	课程内容	学时分配
第1章	影音编辑概述	2
第2章	初识 Premiere 视频编辑软件	4
第3章	Premiere 快速入门	4
第4章	影视剪辑技术运用	8
第5章	关键帧动画灵活运用	4
第6章	视频过渡效果运用	6
第7章	视频特效运用	6
第8章	字幕与字幕特效运用	8
第9章	调色、抠像与叠加技术运用	8
第10章	音频编辑技巧	6
第11章	渲染与输出	4
第12章	综合实训	12
课时总计		72

由于作者水平有限，书中难免有疏漏与不足之处，恳请读者批评指正。

编　者

目录

CONTENTS

模块 1

模块 2

模块 3

模块 4

模块 5

模块 6

模块 7

模块 1

速成秘诀——"视、音、字"快速成片

知识目标

- 掌握数字视频的基础知识。
- 掌握影音编辑常用的素材类型与格式。
- 熟悉 Adobe Premiere Pro 基本架构。
- 熟悉 Adobe Premiere Pro 的基本操作。

技能目标

- 能够采集与导入素材。
- 能够保存与输出视频。
- 能够快速制作字幕。
- 能够快速制作音频。

素质目标

- 培养学生素材收集、筛选、整理的能力。
- 培养学生系统思考与独立思考能力。
- 培养学生良好的表达能力。
- 培养学生逻辑思维能力。

任务1　简单画中画制作——《企业宣传片头》

1 知识储备

1.1 数字视频的基础知识

1.1.1 帧和帧速率

帧和帧速率是视频编辑中常常出现的专业术语。在视频领域，电影、电视、数字视频等可视为随时间连续变换的许多张画面，每一张画面称为一"帧"（Frame）。简单地理解，帧就是视频或动画作品中的每一个画面。视频和动画特效就是由无数个画面组合而成的，每一个画面就是一帧。

帧速率是描述视频信号的一个重要概念，是用于测量显示帧数的量度，测量单位为"每秒显示的帧数"（Frame per Second，FPS）。典型的帧速率范围为24~30帧/秒，这样才会产生较为平滑和连续的效果。

1.1.2 分辨率

电影和电视的影像质量不仅取决于帧速率，每一帧的信息量也是一个重要因素，即图像的分辨率。图像分辨率是指单位英寸中所包含的像素点数。像素是指基本原色素及其灰度的基本编码，是构成数码影像的基本单元，通常以像素每英寸PPI（Pixels Per Inch）为单位来表示影像分辨率的大小，较高的分辨率可以获得较好的影像质量。例如，800PPI×600PPI分辨率，即表示水平方向与垂直方向上每英寸长度的像素分别为800和600。在实际应用中，视频画面的分辨率会受到录像设备和播放设备的限制。

1.1.3 电视制式和扫描方式

当视频经过处理后，便可以进行播放，最常见的就是平时所看到的电视节目。由于世界上各个国家对电视视频制定的标准不同，其制式也有一定的区别。电视制式就是用来实现电视图像信号、伴音信号或其他信号传输的方法，以及这种方法和电视图像显示格式所采用的技术标准。各种制式的区别主要表现在帧速率、分辨率和信号带宽等方面。而现行的彩色电视制式有NTSC、PAL和SECAM 3种。

（1）NTSC（National Television System Committee）：主要在美国、加拿大等大部分西半球国家，以及日本、韩国等地被采用。这种制式的帧速率为30帧/秒，每帧525行262线，标准分辨率为720像素×480像素。

（2）PAL（Phase Alternation Line）：主要在英国、中国、澳大利亚和新西兰等地被采用。

根据其中的细节可以进一步划分为 G、I、D 等制式，我国采用的是 PAL-D。这种制式帧速率为 25 帧 / 秒，每帧 625 行 312 线，标准分辨率为 720 像素 ×576 像素。

（3）SECAM：主要在东欧和中东等地被采用。其意思是顺序传送彩色信号与存储恢复彩色信号制式，它是法国在 1996 年指定的一种彩色电视制式。

世界上最早进行电视广播时都是采用逐行扫描电视制式，因为当时电视的清晰度非常低，并且只能播放黑白图像节目。

早期的电视机是通过电子枪发射电子来扫描显像管，扫描到显像管上的荧光会发亮并显示成像。扫描方式就是在这一过程中所采用的不同方法：隔行扫描与逐行扫描。隔行扫描是指电子枪首先将所有的奇数行扫完再扫描偶数行，或者先扫描完偶数行再扫描奇数行；逐行扫描是指使用依次扫描每行图像的方法来播放视频画面。

1.1.4　线性编辑与非线性编辑

要理解 Premiere Pro CC 的视频制作过程，就需要对传统录像带产品，即影片是非数字化产品的创建步骤有基本的了解。视频制作先后经历了物理剪辑、电子剪辑和数字剪辑 3 个不同的发展阶段，其编辑方式包括线性编辑和非线性编辑。

在传统或线性视频产品中，所有作品元素都传送到录像带中。在编辑过程中，作品最终需要电子编辑到节目录像带中。在实际编辑期间，录像带必须在磁带机中加载和卸载，如果想返回以前的场景，并使用更短或更长的一段场景替换它，那么所有后续的场景都必须重新录制到节目卷轴上，编辑过程较为烦琐。

非线性编辑程序（Non-Linear Editing，NLE）是指借助于计算机软件或硬件技术使视频、音频信号在数字化环境中进行制式合成。例如，Premiere Pro CC 完全颠覆了整个视频编辑过程。使用 Premiere Pro CC 时，不必到处寻找磁带，或者将它们放入磁带机和从中移走它们，所有的作品元素都数字化到磁盘中。在进行制作编辑时可以通过单击时间线的期望部分访问自己作品的任一部分，也可以单击或拖曳一段素材的起始或末尾以缩短或延长其持续时间。

1.2　影音编辑常用的素材类型与格式

1.2.1　非线性编辑常用的素材类型

在进行非线性编辑时，素材的使用和准备尤为重要。我们经常用到的素材类型也是多种多样的，常用的有文本、图片、音频、动画、视频等。

1.2.2　常用图像素材格式

1. PSD 格式

PSD 格式的文件是由 Photoshop 程序生成的，它支持几乎所有的可用图像模式，因而在各个领域广泛应用。PSD 强大的图层处理功能使得其不仅在平面设计上具有优势，在影视制作上也不可或缺。Premiere、After Effects、Flash 均提供了对 PSD 文件格式的良好支持。

2. JPEG 格式

JPEG（Joint Photographic Experts Group）是最常用的图像文件格式，文件扩展名为"．Jpg"或"．Jpeg"，它由一个软件开发联合会组织制定，是一种针对照片图像的特定有损编码方法。有损压缩 JPEG 格式文件的特点是体积小巧，且兼容性好，在网络上的应用十分广泛。

3. BMP 格式

BMP（Bitmap）是 Windows 操作系统中的标准图像文件格式，它采用位映射存储格式，除了图像深度可选以外，不采用其他任何压缩。因此，BMP 文件所占用的空间很大。

4. PNG 格式

PNG（Portable Network Graphics）便携式网络图形，是一种采用无损压缩算法的位图格式。PNG 格式有 8 位、24 位、32 位 3 种形式，其中 8 位 PNG 支持两种不同的透明形式（索引透明和 alpha 透明）。由于 PNG 格式的图形相对体积小、质量高，且支持透明背景，因此广泛在网络中使用。

5. GIF 格式

GIF（Graphics Interchange Format）的原意是"图像互换格式"，是 CompuServe 公司在 1987 年开发的图像文件格式。因其体积小、成像相对清晰，特别适合于初期慢速的互联网，所以大受欢迎。由于 GIF 格式可以保存多幅彩色图像，如果把存于一个文件中的多幅图像数据逐幅读出并显示到屏幕上，就可构成一种最简单的动画。

6. TIFF 格式

TIFF（Tag Image File Format）标签图像文件格式，TIFF 最初的设计目的是为了使 20 世纪 80 年代中期桌面扫描仪厂商达成一个公用的、统一的扫描图像文件格式，而不是每个厂商使用自己专有的格式。

7. TGA 格式

TGA 是由美国 Truevision 公司为其显卡开发的一种图像文件格式，结构比较简单，属于一种图形、图像数据的通用格式。在多媒体领域有很大影响，是计算机生成图像向视频转换的一种首选格式。在 Premiere 中经常使用 TGA 格式的图片序列为视频作品增添各种动态画面。

1.2.3 常用音频素材格式

不同数字音频设备一般对应不同的音频格式文件。音频的常见格式有 WAV、MIDI、MP3、WMA、MP4、VQF、Real Audio 和 AAC 等。

1. WAV 格式

WAV 格式是微软公司开发的一种声音文件格式，也称波形声音文件，是最早的数字音频格式，Windows 平台及其应用程序都支持这种格式。WAV 的音质和 CD 差不多，也是目前广为流行的声音文件格式，几乎所有的音频编辑软件都能识别 WAV 格式。

2. MP3 格式

MP3（MPEG Audio Layer 3）主要是指 MPEG 标准中的音频部分，也是 MPEG 文件中的音频层。它利用 MPEG Audio Layer 3 的技术，将音乐以 1∶10 甚至 1∶12 的压缩率，压缩成容量较小的文件。由于其文件尺寸小、音质好，因此为 MP3 格式的发展提供了良好的条件，这种格式作为主流音频格式广为流传。

3. MIDI 格式

MIDI（Musical Instrument Digital Interlace）又称为乐器数字接口，是数字音乐电子合成乐器的国际统一标准。它定义了计算机音乐程序、数字合成器及其他电子设备交换音乐信号的方式，可以模拟多种乐器的声音。

4. WMA 格式

WMA（Windows Media Audio）是微软所开发并用于因特网音频领域的一种音频格式，其音质要强于 MP3 格式。它是以减少数据流量但保持音质的方法来达到比 MP3 压缩率更高的目的，只要安装了 Windows 操作系统就可以直接播放 WMA 音乐。

5. Real Audio 格式

Real Audio 是由 Real Networks 公司推出的一种声音文件格式，其最大的特点就是可以实时传输音频信息，主要适用于网上在线音乐欣赏，目前这种格式的音频并不多见。

1.2.4 常用视频素材格式

（1）AVI（Audio\Video Interleave）格式：指一种专门为微软 Windows 环境设计的数字式视频文件格式，这个视频格式的优点是兼容性好、调用方便、图像质量好，缺点是占用空间大。

（2）MPEG（Motion Picture Experts Group）格式：包括了 MPEG-1、MPEG-2 和 MPEG-4。MPEG-1 被广泛应用于 VCD 的制作和一些视频片段下载的网络上，使用 MPEG-1 的压缩算法可以把一部时长为 120 分钟的非视频文件电影压缩到 1.2GB 左右。MPEG-2 则应用在 DVD 的制作方面，同时在一些 HDTV（高清晰电视广播）和一些高要求视频编辑、处理上也有一定的应用空间；相对于 MPEG-1 的压缩算法，MPEG-2 可以制作出在画质等方面性能远远超过 MPEG-1 的视频文件，其容量为 4~8GB。MPEG-4 是一种新的压缩算法，可以将 MPEG-1 压缩到 1.2GB 的文件压缩到 300MB 左右，以供网络播放。

（3）ASF（Advanced Streaming Format）格式：指 Microsoft 为了和现在的 Real Player 竞争

而发展出来的一种可以直接在网上观看视频节目的流媒体文件压缩格式，即一边下载一边播放，不用存储到本地硬盘。由于它使用了 MPEG-4 的压缩算法，因此在压缩率和图像的质量上都具有优势。

（4）MKV（Multimedia Container）格式：指一种开放标准的、自由的容器和文件格式，是一种多媒体封装格式，能够在一个文件中容纳无限数量的视频、音频、图片或字幕轨道。其视频编码的自由度非常大，这种先进的、开放的封装格式已经展示出了非常好的应用前景。

（5）WMV（Windows Media Video）格式：指微软开发的一系列视频编解码和其相关的视频编码格式的统称，是微软 Windows 媒体框架的一部分。WMV 格式文件的优点是不仅适合在网上播放和传输，而且可以边下载边播放。

（6）QuickTime 格式：指苹果公司创立的一种视频格式，在图像质量和文件尺寸的处理上具有很好的平衡性，无论在本地播放还是作为视频流在网络中播放，都是非常有优势的。

（7）REAL VIDEO 格式（RA、RAM）：主要定位于视频流应用方面，是视频流技术的创始者。它可以在 56KB Modem 的拨号上网条件下实现不间断的视频播放，因此同时也必须通过损耗图像质量的方式来控制文件的大小，图像质量通常很低。

（8）TGA 格式：指由美国 Truevision 公司开发的位图文件格式，已成为高质量图像的常用格式，文件一般由序列 01 开始顺序计数，如 A00001.tga、A00002.tga 等。一个 TGA 图片序列导入 Premiere 中可作为视频文件使用，成为高质量视频的首选。

1.3　Premiere概述

Premiere Pro CC 既为专家也为初学者提供了创建复杂数字视频作品所需的功能。使用它可以直接从台式计算机或笔记本电脑中创建数字电影、纪录片、销售演示文稿和音乐视频。对于初学者来说，对工作界面或操作面板的了解和基本操作尤为重要。

1.3.1　界面

Premiere Pro CC 是具有交互式界面的软件，其工作界面中存在着多个工作组件。用户可以通过菜单和面板的相互配合直观地完成视频编辑。在启动 Premiere Pro CC 时，首先会打开欢迎界面，单击"新建项目"按钮，在弹出的"新建项目"对话框中进行设置，设置完成后单击"确定"按钮，即可进入 Premiere Pro CC 的工作界面。Premiere Pro CC 的工作界面由标题栏、菜单栏和各种面板等组成，如图 1-1 所示。

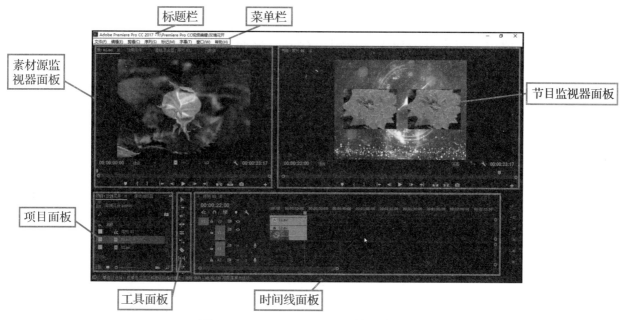

图1-1　Premiere Pro CC的工作界面

Premiere Pro CC 工作界面中的面板不仅可以随意控制关闭和开启，而且可以非常灵活地任意组合拆分，用户可以根据自身的习惯来定制工作界面。

知识拓展

1. Premiere Pro CC 工作界面中的面板可以任意关闭或调整大小。在调整大小时，只需把鼠标指针放置到面板的边缘，当鼠标指针变为双箭头形状时，即可通过拖动鼠标来调整大小。

2. 当调整后的界面布局不适合编辑的需要时，用户可以单击"窗口"菜单，选择"工作区"选项，在弹出的子菜单中选择"重置当前工作区"命令来初始化面板的布局。

1.3.2　菜单

Premiere Pro CC 的主菜单中包括 8 个选项：文件、编辑、剪辑、序列、标记、字幕、窗口和帮助，如图 1-2 所示。

图1-2　Premiere Pro CC的主菜单

知识拓展

只有当选中可操作的相关素材元素后，菜单中的相关命令才可以激活，否则是灰色的。

1.3.3　面板

Premiere Pro CC 的工作界面中几乎包括了进行影视制作的所有面板，下面为大家介绍一些主要的面板。

1. 项目面板

项目面板主要用于对素材的导入、组织、存放，该面板提供多种显示素材的方式，如图1-3所示。

图1-3　项目面板

2. 监视器面板

监视器面板分为"源"面板和"节目"面板。"节目"面板主要是用来显示节目合成后最终效果的，如图1-4所示；而"源"面板主要是用来预览和修剪素材的，如图1-5所示。

图1-4　节目监视器面板　　　　　　　　图1-5　素材源监视器面板

3. 时间线面板

时间线面板是 Premiere 最核心的面板，该面板按时间顺序排列链接的各种素材。可以通过时间线面板轻松地实现对素材的剪辑、插入、复制、修剪等操作，如图1-6所示。

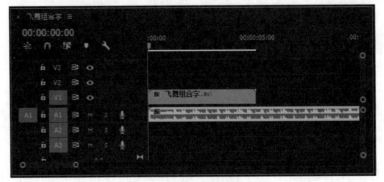

图1-6　时间线面板

4.字幕面板

在 Premiere 中字幕都是在字幕面板中创建的。单击"字幕"菜单，选择"新建字幕"选项，在弹出的子菜单中选择"默认静态字幕"选项，单击"确认"按钮后即可打开字幕面板，如图 1-7 所示。

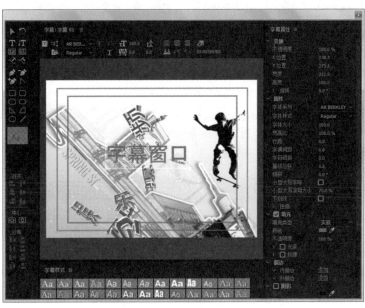

图1-7　字幕面板

5.其他功能面板

（1）工具面板：主要提供各种工具对时间线上的素材进行添加、分割、增删关键帧等操作，如图 1-8 所示。

（2）历史记录面板：该面板记录了用户操作过的相关步骤。可以通过单击某一步骤返回到该步骤，也可以直接单击项目面板上的历史记录标签来打开该面板，如图 1-9 所示。

图1-8　工具面板

图1-9　历史记录面板

（3）信息面板：该面板主要集中显示所选素材的各项信息。在默认情况下，信息面板是空白的。不同对象信息面板的内容也不相同，如图 1-10 所示。

（4）效果面板：面板中存放着 Premiere Pro CC 的内置音频、视频特效。用户安装的第三方特效插件也将出现在这里，如图 1-11 所示。

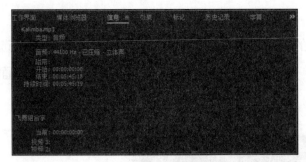

图1-10 信息面板   图1-11 效果面板

1.4 Premiere Pro CC 的基本操作

1.4.1 项目文件操作

项目（Project）是一种单独的 Premiere 文件，包含了序列及组成序列的素材，如音频、视频、图片、字幕等。项目文件还存储着一些图像采集设置、切换和音频混合、编辑结果等信息。在 Premiere Pro CC 中，所有的编辑任务都是通过项目的形式存在和呈现的。

Premiere Pro CC 的一个项目文件是由一个或多个序列组成的，最终输出的影片包含了项目中的序列。序列对项目及其重要，因此熟练掌握序列的操作至关重要。下面介绍如何创建 Premiere Pro CC 项目文件及 Premiere Pro CC 的序列，具体操作步骤如下。

【步骤1】启动 Premiere Pro CC 软件，弹出"开始"界面，单击"新建项目"按钮，如图 1-12 所示。

【步骤2】弹出"新建项目"对话框，在"名称"文本框中输入项目名称"我的项目"，如图 1-13 所示。

图1-12 "开始"界面

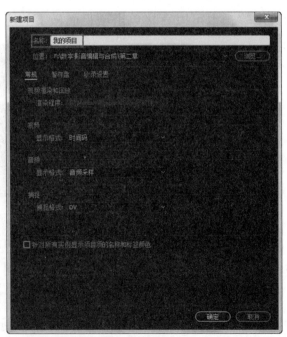

图1-13 "新建项目"对话框

【步骤3】单击"位置"后的"浏览"按钮，在打开的"请选择新项目的目标路径"对话框中选择项目文件的保存位置，完成后单击"选择文件夹"按钮，如图1-14所示。

图1-14　"请选择新项目的目标路径"对话框

【步骤4】返回"新建项目"对话框后，单击"确定"按钮，完成项目的新建，如图1-15所示。

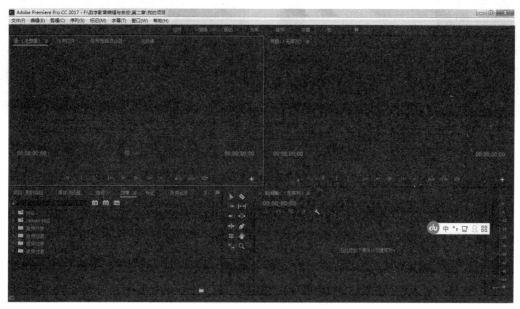

图1-15　完成项目的新建

知识拓展

1.打开项目可选择"文件"→"打开"或"打开最近使用的内容"命令。使用"打开最近使用的内容"命令会显示用户最近一段时间内编辑过的项目。

2.视频编辑完成后，如果只需关闭项目，不关闭软件，可直接选择"文件/关闭项目"命令。

【步骤5】在主菜单中选择"文件"→"新建"→"序列"命令，打开"新建序列"对话框。可根据需要在对话框下侧"序列名称"文本框中输入自定义的序列名称，如图1-16所示。

【步骤6】在"新建序列"对话框中，默认显示的是"序列预设"选项卡。在"序列预设"选项卡中，罗列了诸多预设方案，单击某一方案后，在对应右侧列表框中可以查看与之对应的方案描述及详细的参数。由于我国采用的是 PAL 电视制式，因此在新建项目时，一般选择 DV-PAL 制式中的"标准48kHz"模式。

【步骤7】选择"设置"选项卡，可以在预设方案的基础上，进一步修改相关设置和参数，如图1-17所示。

图1-16 "新建序列"对话框

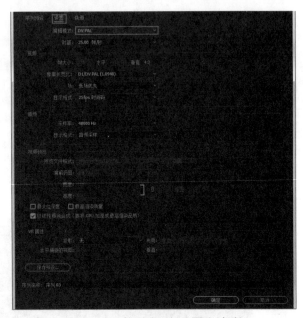

图1-17 修改相关设置和参数

知识拓展

1.如果通过"设置"选项卡修改了某些"序列预设"的参数，就可以单击对话框中的"保存预设"按钮，将自定义的方案存储在"序列预设"的自定义里。

2.有些"序列预设"在"设置"选项卡中，部分参数为灰色，不可修改。如果需要配置所有参数，可以在"设置"选项卡的"编辑模式"下拉列表中选择"自定义"选项。

1.4.2 素材的采集与导入

1. 采集素材

在影视制作中，除了专业软件直接生成外，很多素材需要通过摄像机、录像机来获取。外部设备拍摄的素材需要转存到计算机中，这个转存的过程就是采集。采集又称捕获，是通过视频采集卡将视频设备中的视频或音频信号以数字化的方式捕获到计算机中进行编辑。

2. 导入素材

在 Premiere Pro CC 中进行视频编辑时，需要先将视频、音频、图片等导入"项目"面板中，再进行编辑组合。Premiere Pro CC 可以导入多种格式，几乎包括了所有常用的视频、音频、图像及项目文件格式。下面介绍如何将待编辑的素材导入项目中。

（1）最简便的导入素材方法是双击或右击"项目"面板的空白位置，弹出"导入"对话框，如图1-18所示。

（2）选择相应的素材，单击"打开"按钮，素材即可导入"项目"面板中。

（3）还可以通过单击"文件"菜单，选择"导入"选项，在弹出的窗口中选择要导入的素材。

图1-18　"导入"对话框

知识拓展

1. 在导入素材时，可以按住Ctrl或Shift键，并单击多个素材，实现将选中的多个素材同时导入，也可以单击"导入"对话框中的"导入文件夹"按钮，实现整个文件夹素材的导入。

2. 在向Premiere Pro CC中导入".mov"格式的视频素材时，需要安装QuickTime播放器；否则将导入失败。

1.4.3　保存与输出

在Premiere Pro CC项目文件编辑完成后必须进行保存。保存项目文件有以下几种方式。

（1）单击"文件"菜单，选择"保存"命令，或者直接按Ctrl+S组合键。首次保存项目文件需要制定存储路径及项目文件名称。

（2）选择"文件"→"另存为"命令，可通过设置新的存储路径，对项目文件进行保存。

（3）选择"文件"→"保存副本"命令，单击"保存"按钮即可将文件以副本的形式保存。

知识拓展

Premiere Pro CC项目文件占用系统资源较大，用户需要及时保存所编辑的项目文件，以免计算机出现故障而造成损失。Premiere Pro CC还提供了自动保存功能，选择"编辑"→"首选项"命令，在弹出的子菜单中选择"自动保存"选项，在弹出的对话框中可设置自动保存的时间间隔及最大的项目版本。

项目文件编辑修改完毕后，还需要将项目文件导出。一般所说的导出是指输出为多媒体文件，使导出的文件可以通过相关的播放器进行播放。另外，还可以将项目文件导出为

Premiere Pro CC 项目文件、导出到磁带、导出为单独字幕等。下面介绍如何将项目文件导出为媒体文件，具体操作步骤如下。

【步骤1】选择"文件"→"导出"命令，在弹出的子菜单中选择"媒体"命令。

【步骤2】在"输出"窗口的右侧，可设置导出媒体的格式、输出名称、输出位置、模式预设、效果、视频、音频、字幕、发布等信息，如图1-19所示。

图1-19　"输出"窗口

【步骤3】设置完毕后，单击"导出"按钮。

2 实训案例

案例学习目标

视频编辑的基本应用。

案例知识要点

新建"项目"文件并进行基本设置；导入素材到项目面板；理解时间线的概念；能够导出媒体文件。

《企业宣传片头》
操作视频

案例素材提供

Premiere Pro CC 视频编辑 / 模块 1/ 信息时代 / 素材。

案例操作步骤

【步骤1】①启动 Premiere Pro CC 软件，弹出"开始"界面，单击"新建项目"按钮，如图 1-20 所示。②弹出"新建项目"对话框，在"名称"文本框中输入项目名称"信息时代"，在"位置"下拉列表框中选择保存文件路径，单击"确定"按钮，完成项目的新建，如图 1-21 所示。③按 Ctrl+N 组合键，弹出"新建序列"对话框，在左侧列表中选择"DV-

PAL"→"标准 48kHz"选项，单击"确定"按钮，完成序列的新建，如图 1-22 所示。

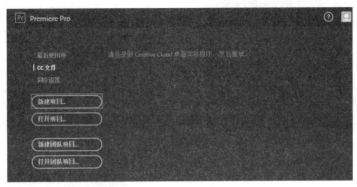

图1-20 "开始"界面

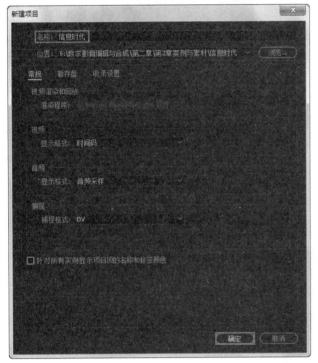

图1-21 "新建项目"对话框

图1-22 "新建序列"对话框

【步骤2】①双击"项目"面板素材区空白处，弹出"导入"对话框，选择"Premiere Pro CC 视频编辑 / 模块 1/ 信息时代 / 素材 /01. mov 与 02.mov"文件，单击"打开"按钮导入图片文件，如图 1-23 所示。②导入后的文件排列在"项目"面板中，单击"图标视图"按钮，将列表视图切换为图标视图，如图 1-24 所示。③在"项目"面板中，将"01. mov"文件拖曳到"时间线"面板中的"V1"轨道中，将"02.mov"文件拖曳到"时间线"面板中的"V2"轨道中，如图 1-25 所示。

图1-23 "导入"对话框

图1-24 切换为图标视图

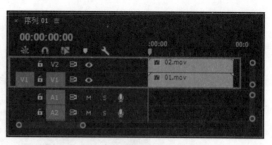

图1-25 设置"项目"面板

【步骤3】单击"时间线"面板中的"V2"轨道，双击"节目"面板中的图像，拖动蓝色节点，调整好画面大小及位置，如图1-26所示。

【步骤4】①选中"节目"面板，在菜单栏中选择"文件"→"导出"→"媒体"选项，如图1-27所示。②弹出"导出设置"窗口，单击"输出名称"后面的链接，在弹出的"另存为"对话框中输入文件名"信息时代"，单击"保存"按钮，返回"导出设置"窗口，单击"导出"按钮。《信息时代》制作完成，最终效果如图1-28所示。

图1-26 调整画面大小及位置

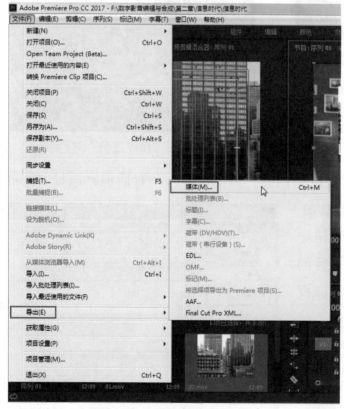

图1-27 选择"媒体"选项

图1-28 最终效果

3.1　项目管理的使用

在用 Premiere Pro CC 进行视频编辑时，项目中的素材可能种类繁多，为提高工作效率，需要对素材进行有效管理。选择菜单栏中的"文件"→"项目管理"选项，打开"项目管理器"对话框。在"项目管理器"对话框中，可以通过对"源""生成项目""项目目标"等的设置，对项目资源进行有效管理，减小项目文件的大小，以节省磁盘空间。

选择"编辑"→"移除未使用资源"选项，也可将项目中未使用的项目删除。

3.2　分类素材箱

在 Premiere Pro CC 中，通过"素材箱"对素材进行分类管理，这对于包含大量素材的项目是非常有用的。下面介绍如何操作"素材箱"。

选择菜单栏中的"文件"→"新建"→"素材箱"选项，或者按 Ctrl+B 组合键建立"素材箱"。还可以单击项目面板下的"新建素材箱"按钮快速创建"素材箱"。

在项目面板中，双击"素材"文件夹即可打开"素材箱"，还可以像 Windows 一样，在"素材箱"中建立多层次的素材文件夹结构。

大家可以用鼠标将归类的素材拖曳到目标"素材箱"中，以方便使用和管理。当不需要某个"素材箱"时，可直接在要删除的"素材箱"上右击，执行"清除"命令，或者直接选中该"素材箱"，按 Delete 键删除。

任务2　快速粗剪影片——《海底世界》

1 实训案例

《海底世界》
操作视频

案例学习目标

快速粗剪影片。

案例知识要点

新建项目；快捷键新建序列；素材导入项目面板；素材导入时间线；剃刀工具使用；影片输出。

案例素材提供

Premiere Pro CC 视频编辑 / 模块 1/ 海底世界 / 素材。

案例操作步骤

【步骤1】①启动 Premiere Pro CC 软件，弹出"开始"界面，单击"新建项目"按钮，如图1-29所示。②弹出"新建项目"对话框，在"名称"文本框中输入项目名称"海底世界"，在"位置"下拉列表框中选择保存文件的路径，单击"确定"按钮，完成项目的新建，如图1-30所示。③按 Ctrl+N 组合键，弹出"新建序列"对话框，在左侧列表中选择"DV-PAL"→"标准48kHz"选项，单击"确定"按钮，完成序列的新建，如图1-31所示。

图1-29 "开始"界面

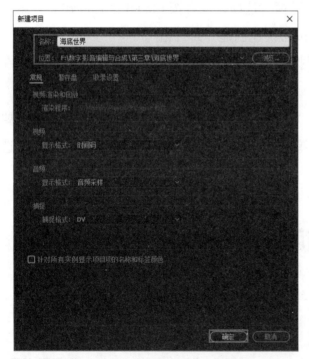

图1-30 "新建项目"对话框

图1-31 "新建序列"对话框

【步骤2】①双击"项目"面板素材区空白处，弹出"导入"对话框，选择"数字影音编辑与合成/模块1/海底世界/素材/01.mov"文件，单击"打开"按钮导入图片文件，如图1-32所示。②导入后的文件排列在"项目"面板中，如图1-33所示。③在"项目"面板中，将"01.mov"文件拖曳到"时间线"面板中的"V1"轨道上，如图1-34所示。

图1-32 "导入"对话框

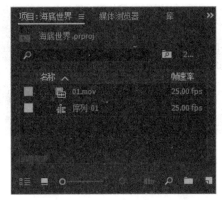

图1-33 "项目"面板

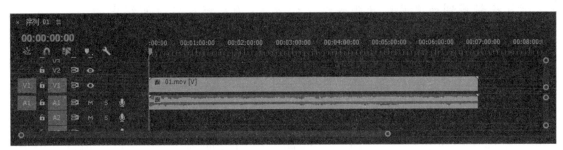

图1-34 "时间线"面板

知识拓展

1.如果视频素材为".mov"格式,必须在启动Premiere Pro CC之前,先安装"QuickTime Player"软件。

2.在"项目"面板将素材拖入"时间线"面板中的轨道上时,如果弹出"编辑不匹配警告"对话框,选择"保持现有设置"选项即可。

【步骤3】①单击"节目监视器面板"中的播放按钮,观看影片。②选择需要的片段,单击"工具面板"中的"剃刀工具",在时间线所要编辑素材上找到所需片段开头并单击,找到所需片段结尾并单击,将素材分离成三部分,如图1-35所示。③单击"工具面板"中的"选择工具",删除第一部分和第三部分,并拖动第二部分到时间00:00位置,不留黑场,如图1-36所示。

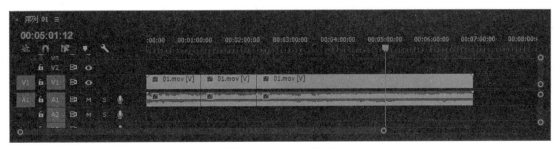

图1-35 分离素材

图1-36　编辑素材

知识拓展

快速浏览视频找到所需片段开头或结尾的方法：用鼠标拖曳时间线中的"时间指示器"，快速播放观看，并选择大致位置。

【步骤4】①选中需输出的序列或节目面板，在菜单栏中选择"文件"→"导出"→"媒体"选项，如图1-37所示。

②弹出"导出设置"窗口，单击"导出名称"后侧的链接，在弹出的"另存为"对话框中输入文件名"海底世界"，单击"保存"按钮，如图1-38所示。返回"导出设置"窗口，单击"导出"按钮，如图1-39所示。《海底世界》制作完成，最终效果如图1-40所示。

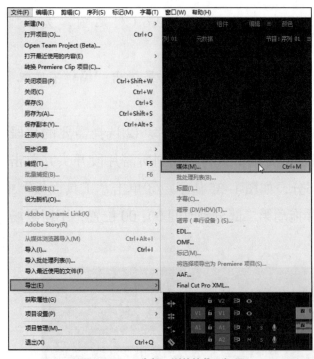

图1-37　选择"媒体"选项

图1-38　"另存为"对话框

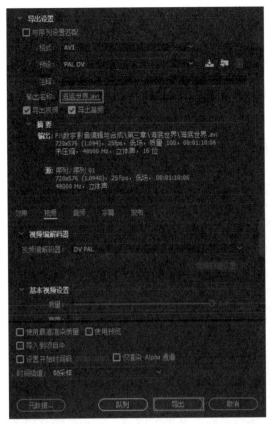

图1-39　"导出设置"窗口

图1-40　最终效果

2 技能提升

认识时间码

在 Premiere Pro CC 操作界面中，很多位置显示"时间码"，如图 1-41 所示。它们的作用各有不同，这里总结一下各个位置时间码的作用和用法。

（1）"时间码" 从左到右分别代表"时：分：秒：帧"。DV-PAL 制式的进制为"60：60：60：25"；DV-NTSC 制式的进制为"60：60：60：30"。

（2）时间线左上角的"时间码"、节目监视器面板左下角的"时间码"、效果控件左下角的"时间码"显示的时间是一致的，都表示编辑视频的时间指示器播放到当前的时刻。例如，在图 1-41 中，当前影片播放到"21 秒 24 帧"。

（3）节目监视器面板右下角"时间码"显示的时间为编辑视频的总长度。例如，在图 1-41 中，影片总长度为"1 分 10 秒 06 帧"。

（4）当用户双击"项目"面板中的素材时，会激活"素材源"面板，如图 1-42 所示。该面板左下角的"时间码"显示的时间表示某个预览素材的指示器播放到当前的时刻。例如，在图 1-42 中，当前预览素材影片播放到"3 分 16 秒 22 帧"。该面板右下角"时间码"

显示的时间为某个预览素材视频的总长度。例如，在图1-42中，预览素材影片总长度为"6分56秒04帧"。

（5）所有颜色为蓝色的"时间码" `00:00:00:00` 都可以单击，这时当前播放时间就可以手动修改，精确跳转到用户所需要的时间点，提高切割素材的速度和准确度。

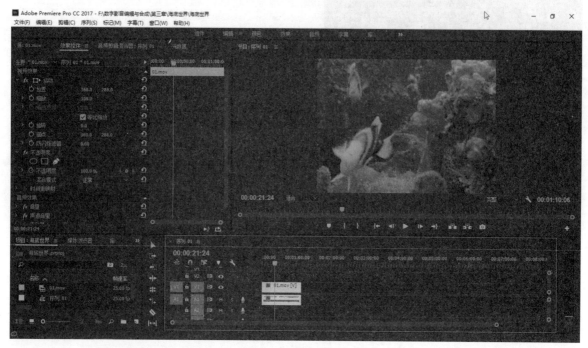

图1-41　时间码

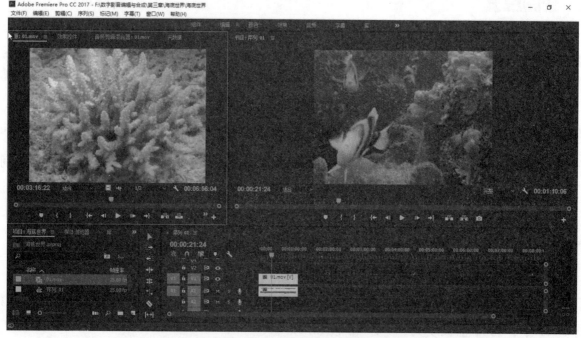

图1-42　"素材源"面板

任务3　简单字幕制作——《校园风光片头字幕》

　**实训案例**

案例学习目标

字幕工具使用。

案例知识要点

新建字幕；设置字体、字号；设置文字颜色并调整文字位置。

案例素材提供

Premiere Pro CC 视频编辑 / 模块 1/ 校园风光片头字幕 / 素材。

案例操作步骤

【步骤1】①启动 Premiere Pro CC 软件，弹出"开始"界面，单击"新建项目"按钮，如图 1-43 所示。②弹出"新建项目"对话框，在"名称"文本框中输入项目名称"片头字幕"，在"位置"下拉列表框中选择保存文件的路径，单击"确定"按钮，完成项目的新建，如图 1-44 所示。③按 Ctrl+N 组合键，弹出"新建序列"对话框，在左侧列表中选择"DV-PAL"→"标准48kHz"选项，单击"确定"按钮，完成序列的新建，如图 1-45 所示。

图1-43　"开始"界面

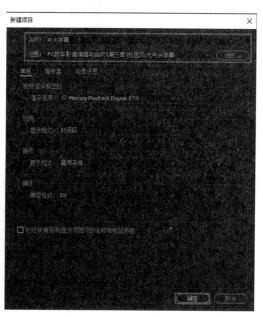

图1-44　"新建项目"对话框

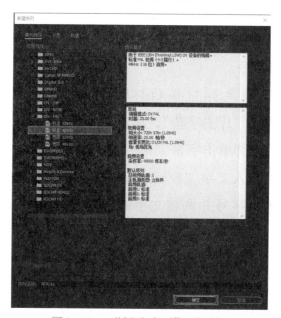

图1-45　"新建序列"对话框

【步骤2】①双击"项目"面板素材区空白处，弹出"导入"对话框，按住 Ctrl 键，选择"Premiere Pro CC 视频编辑 / 模块 1/ 校园风光片头字幕 / 素材 /01.jpg~06.jpg"文件，单击"打开"按钮导入文件，如图 1-46 所示。②导入后的文件排列在"项目"面板中，如图 1-47 所示。

③在"项目"面板中，按住 Ctrl 键并依次单击"01.jpg~06.jpg"文件，将其一起拖曳到"时间线"面板中的"V1"轨道中，如图 1-48 所示。

图1-46　导入文件

图1-47　"项目"面板

图1-48　"时间线"面板

知识拓展

按住"Ctrl"键并单击素材时，单击的先后顺序决定了排列在时间线轨道中素材播放的先后顺序。

【步骤3】①按 Ctrl+T 组合键，弹出"新建字幕"对话框，在"名称"文本框中输入字幕名称"片头字幕"，单击"确定"按钮，如图 1-49 所示。进入字幕编辑面板，如图 1-50 所示。②单击字幕工具栏中的"文字工具"，在字幕工作区中输入文字"校园风光"。③在"属性栏"中选择需要的字体、字号并调整文字的位置。④在"字幕属性"窗格中的"填充"→"颜色"中选择蓝色，如图 1-51 所示。⑤单击右上角的"关闭"按钮字幕编辑面板关闭并自动保存。⑥在"项目"面板中，单击"片头字幕"文件，并将其拖曳到"时间线"面板中的"V2"轨道上，如图 1-52 所示。

图1-49　"新建字幕"对话框

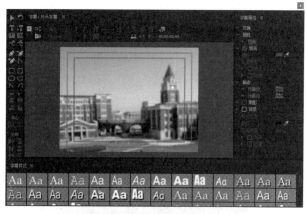

图1-50　字幕编辑面板

图1-51　选择蓝色

图1-52　"时间线"面板

知识拓展

修改字幕字体和字号有以下几种方法。

（1）在字幕工作区的"属性栏"中选择需要的字体、字号。

（2）在"字幕属性"中的"属性"→"字体系列"中选择字体，"字体大小"中修改字号。

（3）如果不要求精确的字号，可以单击文字，通过拖曳文字四周 8 个定位点来调整文字大小，但因宽高比原因，可能会出现字号不准确的现象。

【步骤 4】①选中需要输出的序列或节目面板，在菜单栏中选择"文件"→"导出"→"媒体"选项，如图1-53 所示。

②弹出"导出设置"窗口，单击"输出名称"后的链接，在弹出的"另存为"对话框中输入文件名"校园风光"，单击"保存"按钮，如图1-54 所示。返回"导出设置"窗口，单击"导

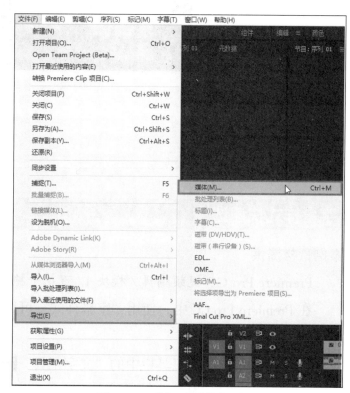

图1-53　选择"媒体"选项

出"按钮，如图 1-55 所示。《校园风光片头字幕》制作完成，最终效果如图 1-56 所示。

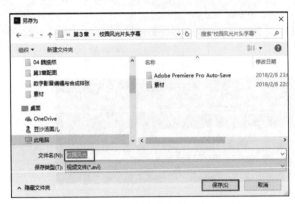

图1-54　"另存为"对话框

图1-55　"导出设置"窗口

图1-56　最终效果

2 技能提升

字幕样式快速选择

案例素材提供

Premiere Pro CC 视频编辑 / 模块 1/ 百花争艳 / 素材。

在 Premiere Pro CC 中，使用"字幕样式"可以快速获得各种精美的字幕效果。具体操作步骤如下。

【步骤1】单击字幕工具栏中的"文字工具" ，在字幕工作区中输入文字"百花争艳"。

【步骤2】在"字幕样式"面板中，单击需要的样式。

【步骤3】在字幕工作区的"属性栏"中选择需要的字体、字号，并调整文字的位置。

【步骤4】单击右上角的"关闭"按钮 ■，关闭字幕编辑面板并自动保存。《百花争艳》制作完成，最终效果如图1-57所示。

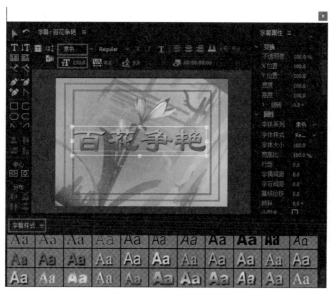

图1-57 最终效果

1. 修改字体和字体样式时，要先修改"字体样式"，再修改"字体"，如果先修改"字体"就会回到初始状态。

2. 输入文字为中文，要选择中文字体，如果选择英文字体可能会出现乱码。

任务4 简单音频导入——《皮影艺术》

1 实训案例

案例学习目标

音频素材的添加。

案例知识要点

图片素材导入；音频素材导入；为影片添加背景音乐。

案例素材提供

Premiere Pro CC 视频编辑 / 模块 1/ 皮影艺术 / 素材。

案例操作步骤

【步骤1】①启动 Premiere Pro CC 软件，弹出"开始"界面，单击"新建项目"按钮，

《皮影艺术》
操作视频

如图 1-58 所示。②弹出"新建项目"对话框，在"名称"文本框中输入项目名称"皮影艺术"，在"位置"下拉列表框中选择保存文件的路径，单击"确定"按钮，完成项目的新建，如图 1-59 所示。③按 Ctrl+N 组合键，弹出"新建序列"对话框，在左侧列表中选择"DV-PAL"→"标准 48kHz"选项，单击"确定"按钮，完成序列的新建，如图 1-60所示。

图1-58　"开始"界面

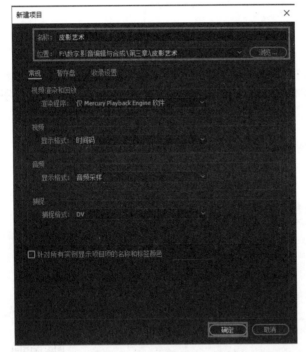

图1-59　"新建项目"对话框

图1-60　"新建序列"对话框

　　【步骤2】①双击"项目"面板素材区空白处，弹出"导入"对话框，按住 Ctrl 键，选择"Premiere Pro CC 视频编辑 / 模块 1/ 皮影艺术 / 素材 /01.jpg~06.jpg 和 music.mp3"文件，单击"打开"按钮导入文件，如图 1-61 所示。②导入后的文件排列在"项目"面板中，如图 1-62 所示。③在"项目"面板中按住"Ctrl"键并依次单击"01.jpg~06.jpg"文件，将其一起拖曳到"时间线"面板中的"V1"轨道中，如图 1-63 所示。④在"项目"面板中单击"music.mp3"文件，将其拖曳到"时间线"面板中的"A1"轨道中，如图 1-64 所示。

图1-61　导入文件

图1-62　"项目"面板

图1-63　"时间线"面板（1）

图1-64　"时间线"面板（2）

【步骤3】①选中需要输出的序列或节目面板，在菜单栏中选择"文件"→"导出"→"媒体"选项，如图1-65所示。

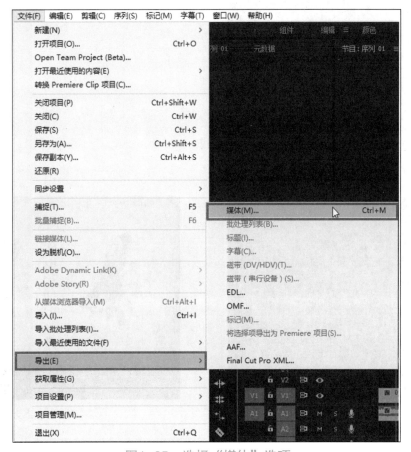

图1-65　选择"媒体"选项

②弹出"导出设置"窗口，单击"输出名称"后的链接，在弹出的"另存为"对话框中输入文件名"皮影艺术"，单击"保存"按钮，如图1-66所示。返回"导出设置"窗口，单击"导出"按钮，如图1-67所示。《皮影艺术》制作完成，最终效果如图1-68所示。

图1-66　"另存为"对话框

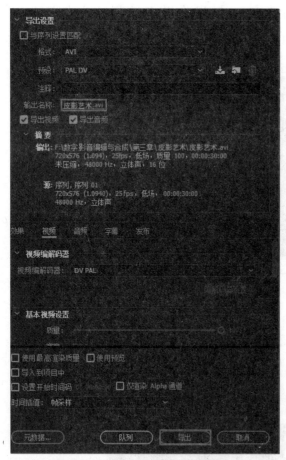

图1-67　"导出设置"窗口

图1-68　最终效果

技能提升

快速缩短音频长度

案例素材提供

Premiere Pro CC 视频编辑／模块1/故宫游览／素材。

在 Premiere Pro CC 中，如果将素材音频导入"时间线"的"音频轨道"后，发现音频播放时间过长，可以快速缩短音频与视频素材相匹配的长度。具体操作步骤如下。

【步骤1】在"项目"面板中单击"music.mp3"文件，将其拖曳到"时间线"面板中的"A1"轨道中。

【步骤2】把鼠标指针移动到"时间线"面板中的"music.mp3"结尾，鼠标指针变成 形状时单击，将其拖动至与视频相匹配的长度位置，如图1-69所示。影片《故宫游览》制作完成，最终效果如图1-70所示。

图1-69 "时间线"面板

图1-70 最终效果

知识拓展

1.拖动鼠标缩进音频，相当于把音频剪裁掉一部分，本案例中剪裁掉音频的结尾部分。

2.音频与视频素材的播放长度相匹配很简单，软件默认打开了磁铁吸附功能，拖动鼠标到视频素材结尾会有吸附感。如果没有吸附感，需要单击"时间线"面板中左上角的"对齐"按钮 。

《儿童视频相册》

《儿童视频相册》
操作视频

案例知识点提示

新建时间序列；导入所需图片素材和音频素材；制作片头字幕；制作音乐字幕；添加音频素材并调整素材长度；导出 AVI 格式影片。

案例欣赏

制作《儿童视频相册》音乐相册，最终效果如图 1-71 所示。

图1-71　最终效果

案例素材提供

Premiere Pro CC 视频编辑 / 模块 1/ 儿童视频相册 / 素材。

模块 2

精益求精——精剪技巧与关键帧动画

知识目标

- 掌握剪辑方法与技巧。
- 掌握工具面板各个工具得使用。
- 熟悉"效果控件"面板。
- 熟悉设置运动路径。

技能目标

- 能够精剪素材。
- 能够熟练使用源面板、节目面板和时间线面板剪辑素材。
- 能够利用运动参数添加关键帧。

素质目标

- 培养学生素材收集、筛选、整理的能力。
- 培养学生统筹规划能力。
- 培养学生独立思考能力。
- 培养学生欣赏、表现与创新能力。

任务1　精剪影片——《时装秀》

1.1　工具面板简介

在前面的学习中用到了两个工具：选择工具 ▶ 和剃刀工具 ◆，在工具面板中还有其他一些工具。工具面板一般是默认打开状态，位置可以根据自己的习惯进行更改。图 2-1 所示的工具面板位置位于时间线面板右侧。

图2-1　工具面板位置

工具面板上的具体图标名称及功能如表 2-1 所示。

表2-1　工具面板上的具体图标名称及功能

图标	名　称	快捷键	功　能
▶	选择工具	V	可以对文件进行选择、对选中的文件拖曳至其他轨道、对选中的文件进行右击菜单管理等
◆	剃刀工具	C	可以把一个视频分成很多段的工具。在视频文件上单击即可
↤⋯↦	向前选择轨道工具	A	当一条轨道上有多个文件时，会选中当前文件右方的所有文件
↤⋯↤	向后选择轨道工具	Shift+A	当一条轨道上有多个文件时，会选中当前文件左方的所有文件
↔	波纹编辑工具	B	当鼠标指针滑动至单个视频的开始和结束位置时，调整选中的视频长度，前方或后方的文件在编辑后会自动吸附（注：修改的范围不能超出原视频的范围）
‖	滚动编辑工具	N	可在不影响轨道总长度的情况下，调整其中某个视频的长度（缩短其中某一个视频的长度，其他视频变长；拖长其中一个视频的长度，其他视频变短）。值得注意的是，使用该工具时，视频必须已经修改过长度，有足够剩余的时间来进行调整

续表

图标	名　称	快捷键	功　　能
	外滑工具	Y	对已经调整过长度的视频，在不改变视频长度的情况下，可以变换视频区间（选中文件按住鼠标左键不放，进行前后拖曳即可）
	内滑工具	U	拖曳的时候，选中的视频长度不变，变换剩余的视频长度
	比率伸缩工具	R	这个工具很简单，就是把原有的视频拉长，视频播放就变成了慢动作。把视频长度变短，效果就跟快进一样
	钢笔工具	P	可以对文件上的关键帧进行曲线调整。选中关键帧后，按住 Ctrl 键，会出现调节线
	手形工具	H	按住鼠标左键不放，可以对时间轴上的文件进行一个拖曳预览
	放大工具	Z	单击此工具可以对时间文件进行放大缩小（按住 Alt 键缩小）

1.2　认识监视器面板

案例素材提供

Premiere Pro CC 视频编辑 / 模块 2/ 认识监视器面板 / 素材。

在模块 1 介绍了监视器面板，知道了监视器面板分为"源"面板和"节目"面板。"节目"面板主要用来显示节目合成后的最终效果；"源"面板主要用来预览和修剪素材。在进行视频编辑时，这两个面板是工作的主要"阵地"。为了提高工作效率，本节将对这两个面板进行详细介绍。

首先，重新认识"源"面板，如图 2-2 所示。

图2-2　"源"面板

"源"面板各组成部分如表2-2所示。

表2-2 "源"面板各组成部分

图标	名称	快捷键	图标	名称	快捷键
	素材内容		00:00:07:06	播放指示器位置	
	仅拖动音频			仅拖动视频	
适合	选择缩放级别		完整	选择回放分辨率	
00:00:09:02	入点/出点持续时间			时间指示器	
	素材时间轴			添加标记	M
	标记入点	I		标记出点	O
	转到入点	Shift+I		转到出点	Shift+O
	后退一帧			前进一帧	
	播放/停止切换	Space		导出帧	Ctrl+Shift+E
	插入	,		覆盖	.
	按钮编辑器			设置工具	

在项目面板中双击素材，或者使用鼠标拖动素材到"源"面板，素材就会显示在"源"面板中，这时可以使用上述按钮进行编辑。面板底部按钮是可以使用快捷键的，详见表2-1。另外，还可以根据个人习惯更改、添加快捷键，这在后续章节中再进行介绍。

其次，重新认识"节目"面板，如图2-3所示。

图2-3 "节目"面板

大家对这个界面是不是很熟悉呢？除了左上角与"源"面板不一样外，其他都一样，但是它们的作用是不同的。序列上没有素材，该面板是黑色的，只有序列上放置了素材，该面板才会显示素材的内容，这个内容就是最后导出的节目内容。

"节目"面板底部的按钮和"源"面板底部的按钮基本相同。但有两个例外，它们就是"提升"按钮■和"提取"按钮■，而"源"面板相应位置是"插入"按钮■和"覆盖"按钮■。

"节目"面板的"提升"是指在节目面板中选取的素材片段在"时间线"面板中的轨道上被删除，原位置内容空缺，等待新内容的填充，最终效果如图2-4所示。

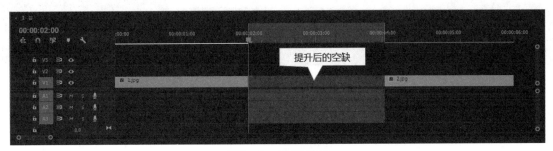

图2-4　最终效果

"节目"面板的"提取"是指在节目面板中选取的素材片段在"时间线"面板中的轨道上被删除，后面的素材前移及时填补空缺，最终效果如图2-5所示。

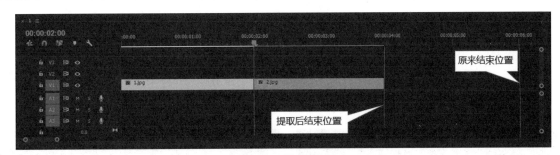

图2-5　最终效果

"源"面板的"插入"是在"时间线"面板当前时间点之后插入选取的素材。时间点之后的源素材自动向后移动，节目总时间变长。例如，源素材为5秒，时间线上的时间指示器定位在2秒位置，在素材源面板选取一个2秒的片段进行插入操作，节目总时长变为7秒，如图2-6所示。

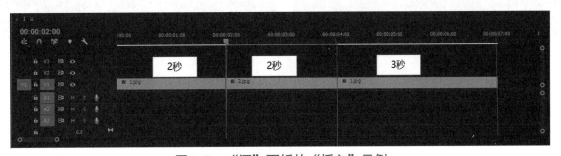

图2-6　"源"面板的"插入"示例

"源"面板的"覆盖"是指在当前时间点之后位置用选取的素材片段替换原有素材。如果选取的素材长度没有超过时间点之后的原素材的长度，节目总时长不变；反之节目时长为当前时长加上选取的素材时长。例如，原素材为 5 秒，时间线上的时间指示器定位在 2 秒位置，在素材源面板选取一个 2 秒的片段进行覆盖操作，节目总时长仍为 5 秒，如图 2-7 所示。

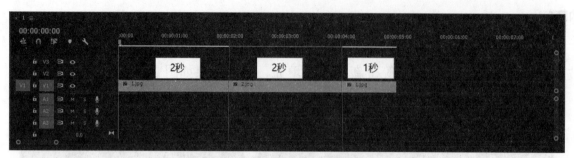

图2-7　"源"面板的"覆盖"示例

通过对比可以了解到，"源"面板是对项目面板中的素材进行剪辑的，并移入时间线面板；而"节目"面板是对时间线上的素材直接进行剪辑的。时间线上的内容，通过"节目"面板显示出来，也是最终导出的影片内容。大家可以利用所给素材自行练习一下，尽快熟悉这两个面板的使用方法，提升自己的剪辑速度。

大家也可以自行安排面板底部的按钮，把自己经常用到的都放在底部。具体方法如下。

（1）单击"源"面板右下角的"按钮编辑器"按钮，在"源"面板中弹出"按钮编辑器"窗口，如图 2-8 所示。

（2）单击"节目"面板右下角的"按钮编辑器"按钮，在"节目"面板中弹出"按钮编辑器"窗口，如图 2-9 所示。

图2-8　"按钮编辑器"窗口（1）

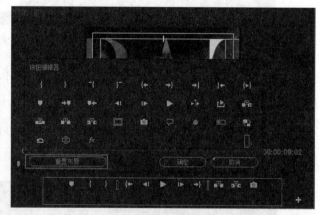

图2-9　"按钮编辑器"窗口（2）

大家只需用鼠标把需要的按钮拖动到底部的蓝框内，把底部不需要的按钮拖动到蓝框外，单击"确定"按钮即可。如果想恢复默认按钮，直接单击"重置布局"按钮。如图 2-10 所示，在"源"面板底部添加了"清除出点"和"清除入点"按钮。

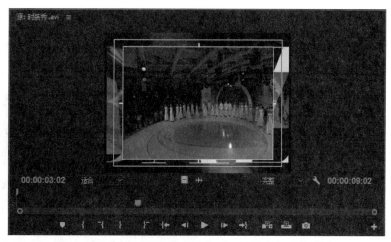

图2-10　添加"清除出点"和"清除入点"按钮

 实训案例

案例学习目标

三点编辑方法裁剪素材。

案例知识要点

导入素材；在源面板设置出入点；在时间线上设置入点，插入素材。

案例素材提供

Premiere Pro CC 视频编辑 / 模块 2/ 时装秀 / 素材。

案例操作步骤

【步骤 1】①启动 Premiere Pro CC 软件，弹出"开始"界面，单击"新建项目"按钮，如图 2-11 所示。②按 Ctrl+N 组合键，弹出"新建序列"对话框，在左侧列表中选择"DV-PAL"→"标准 48kHz"选项，单击"确定"按钮，完成序列的新建，如图 2-12 所示。

《时装秀》
操作视频

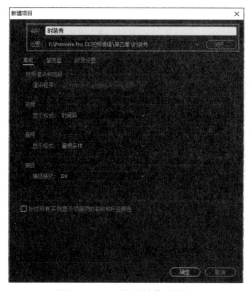

图2-11　"开始"界面

图2-12　"新建序列"对话框

【步骤2】①双击"项目"面板素材区空白处,选择"Premiere Pro CC 视频编辑 / 模块 2/ 时装秀 / 素材"中的全部文件并打开,如图 2-13 所示。②在"项目"面板中双击"01.avi" 文件,素材文件显示在"源"面板中,如图 2-14 所示。

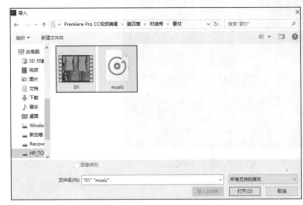

图2-13　打开文件

图2-14　"源"面板

【步骤3】①单击"源"面板底部的"播放"按钮▶,观看素材。②使用鼠标拖动"时间指示器"到 1 分 21 秒位置,单击"标记入点"按钮,如图 2-15 所示。使用鼠标拖动"时间指示器"到 1 分 28 秒位置,单击"标记出点"按钮,如图 2-16 所示。

图2-15　标记入点

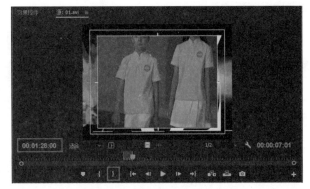

图2-16　标记出点

在"时间线"面板中,"序列 01"时间指示器定位在 0 秒开始位置,如图 2-17 所示。单击"源"面板底部的"插入"按钮,选择的素材片段出现在"V1"轨道中,如图 2-18 所示。

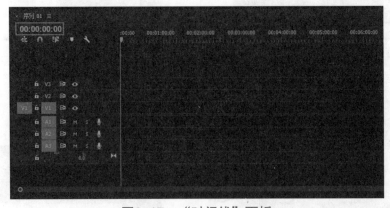

图2-17　"时间线"面板

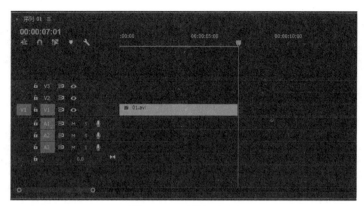

图2-18　插入素材

【步骤4】①使用鼠标拖动"时间指示器" ▊到1分38秒位置，单击"标记入点"按钮 ▊，如图2-19所示。使用鼠标拖动"时间指示器" ▊到1分39秒位置，单击"标记出点"按钮 ▊，如图2-20所示。

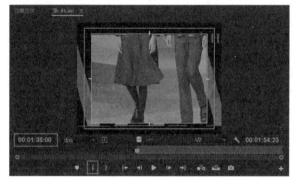

图2-19　标记入点

图2-20　标记出点

②在"时间线"面板中，"序列01"时间指示器在7秒的位置，也就是第一段素材结束的位置，如图2-21所示。单击"源"面板底部的"插入"按钮 ▊，选择的素材片段出现在"V1"轨道第一段素材后面，如图2-22所示。③使用鼠标拖动"时间指示器" ▊到1分55秒位置，单击"标记入点"按钮 ▊，如图2-23所示。使用鼠标拖动"时间指示器" ▊到1分56秒位置，单击"标记出点"按钮 ▊，如图2-24所示。④在"时间线"面板中，"序列01"时间指示器在8秒位置，也就是第二段素材结束的位置，如图2-25所示。单击"源"面板底部的"插入"按钮 ▊，选择的素材片段出现在"V1"轨道第一段素材后面，如图2-26所示。

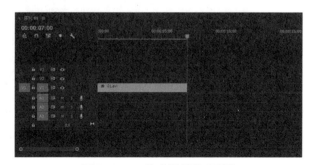

图2-21　"时间线"面板

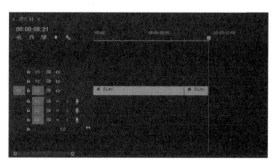

图2-22　插入素材

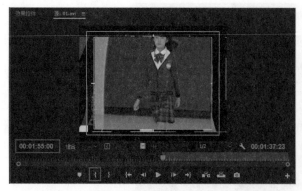

图2-23　标记入点

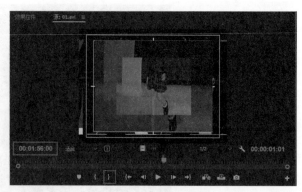

图2-24　标记出点

图2-25　"时间线"面板

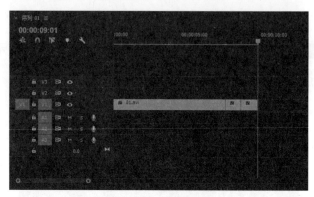

图2-26　插入素材

【步骤5】①在"项目"面板中单击"music.mp3"文件，将其拖曳到"时间线"面板中的"A1"轨道开始位置，如图2-27所示。②在工具面板中，单击"剃刀工具"所在时间线位置，选中第二部分，按 Delete 键删除，如图2-28所示。

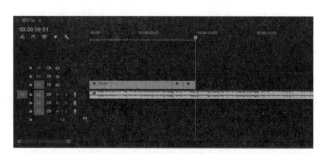

图2-27　"时间线"面板

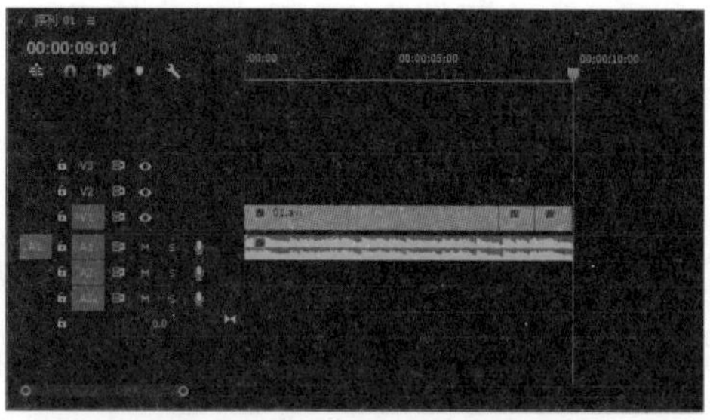

图2-28　删除时间线

【步骤6】①按空格键在"节目"面板中预览效果。②选中需要输出的"序列01"或节目面板，在菜单栏中选择"文件"→"导出"→"媒体"选项。③弹出"导出设置"窗口，单击"输出名称"右侧的链接，在弹出的"另存为"对话框中输入文件名"时装秀"，单击"保存"按钮。返回"导出设置"窗口，单击"导出"按钮。《时装秀》制作完成，最终效果如图2-29所示。

图2-29　最终效果

知识拓展

　　1.使用鼠标拖动时间指示器时，不能拖动的很精确，可以借助"前进一帧" ▶ 或"后退一帧" ◀ 功能进行调整。

　　2.在上例的练习中，首先在"源"面板中设置出点和入点，其次在"时间线"面板中设置入点，然后单击"源"面板中的"插入"按钮，把所选定素材插入"时间线"面板中的视频轨道中，这种方法通常称为"三点编辑"。

3 技能提升

三点编辑与四点编辑

案例素材提供

　　Premiere Pro CC 视频编辑／模块 2／三点编辑与四点编辑／素材。

　　当把很多素材经过剪辑，并在时间线上形成一部影片，或者在时间线上插入一段剪辑好的素材时，需要涉及 4 个点，即"素材源"面板的入点、出点；"节目"面板的入点、出点。如果是采取三点编辑，那么需要先确定其中的 3 个点，即"素材源"面板的入点、出点；"节目"面板的入点，第四个点将由软件计算得出。从而确定了这段素材的长度和所处的位置，可以选择插入或覆盖的方式将选取好的素材放入时间线中。

　　在《时装秀》实训案例中，采用的是三点编辑，即确定素材的出点、入点和时间线的入点。

　　下面通过示例进行四点编辑的练习。

　　（1）启动 Premiere Pro CC 软件，新建项目和序列。

　　（2）在"项目"面板空白处双击，导入"01.avi""02.avi"素材。拖动素材"02.avi"到"时间线"面板中的"V1"轨道上，按空格键在节目面板中预览效果。

　　（3）在"项目"面板中把素材"01.avi"拖动到"源"面板，时间指示器定位在 2 秒位置，标记入点；时间指示器定位在 8 秒位置，标记出点。

　　（4）在"节目"面板中，时间指示器定位在 15 秒位置，标记入点；时间指示器定位在 21 秒位置，标记出点，如图 2-30 所示。

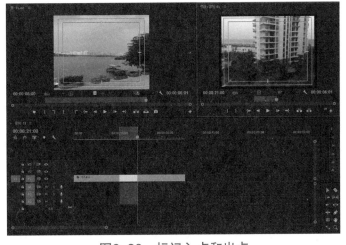

图2-30　标记入点和出点

（5）单击"源"面板中的"插入"按钮，将素材片段插入"时间线"面板中，节目时长增加6秒，如图2-31所示。

（6）按Ctrl+Z组合键撤销刚才的操作。单击"源"面板中的"覆盖"按钮，将素材片段放置在时间线面板15~21秒位置，源素材被覆盖，节目时长不变，如图2-32所示。

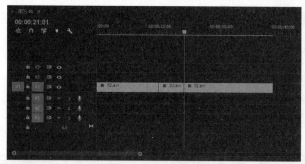

图2-31　插入素材

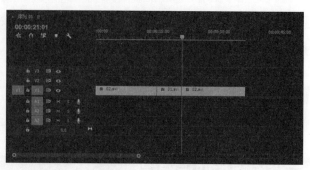

图2-32　覆盖素材

（7）按Ctrl+Z组合键撤销刚才的操作。在"节目"面板中，时间指示器定位在15秒位置，标记入点；时间指示器定位在18秒位置，标记出点。单击"源"面板中的"插入"或"覆盖"按钮，弹出"适合剪辑"对话框，如图2-33所示。默认选中"忽略序列出点"单选按钮，也可以根据具体情况选择其他选项，单击"确定"按钮，素材被放置在15秒位置。

（8）保存文件并输出影片。

图2-33　"适合剪辑"对话框

任务2　精剪技巧——《海边风光》

案例学习目标

精确定位时间点。

案例知识要点

导入素材；在源面板中精确定位时间点；标记出点与入点；利用"插入"按钮插入素材。

案例素材提供

Premiere Pro CC视频编辑/模块2/海边风光/素材。

案例操作步骤

【步骤1】①启动Premiere Pro CC软件，打开"新建项目"对话框，并在"名称"文本框中输入"海边风光"，如图2-34所示。②按Ctrl+N组合键打开"新建序列"对话框，在

《海边风光》
操作视频

"DV-PAL"制式中选择"标准 48kHz"选项。③在"项目"面板空白处双击，导入"01.mp4"素材。

【步骤 2】①在"项目"面板中双击"01.mp4"素材，在"源"面板中查看素材。在"源"面板中单击"播放指示器"位置，然后输入"317"，定位时间点为 3 秒 17 帧。单击"素材源"面板下方的"标记入点"或按 I 键，如图 2-35 所示。②在"源"面板中单击"播放指示器"位置，然后输入"625"，定位时间点为 6 秒 25 帧。单击"素材源"面板下方的"标记出点"或按 O 键，如图 2-36 所示。这样即可在素材源面板截取一段视频。

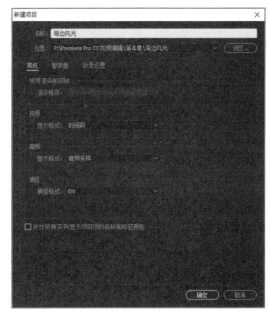

图2-34　"新建项目"对话框

图2-35　标记入点

图2-36　标记出点

【步骤 3】①在"时间线"面板中单击左上角的"播放指示器"位置，然后输入"0"，定位时间点为 0 秒，如图 2-37 所示。②在"源"面板中单击"插入"按钮，将选定素材片段插入时间线上 0 秒位置，如图 2-38 所示。

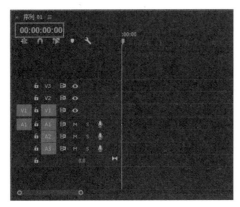

图2-37　定位时间点

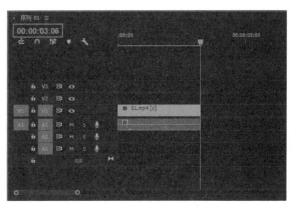

图2-38　插入素材

【步骤 4】在"源"面板中单击"播放指示器"位置，然后输入"1215"，定位时间点为 12 秒 25 帧。单击"素材源"面板下方的"标记入点"或按 I 键。在"源"面板中单击"播放指示器"位置,然后输入"1323",定位时间点为13秒23帧。单击"素材源"面板下方的"标记出点"或按O键,如图2-39所示。这样就又在"素材源"面板中截取一段视频。

图2-39 标记入点和出点

【步骤5】①在"节目"面板中单击左下角的"播放指示器"位置,然后输入"0306",定位时间点为3秒06帧,如图2-40所示。②在"源"面板中单击"插入"按钮,将选定素材片段插入时间线3秒06帧位置,如图2-41所示。

图2-40 定位时间点

图2-41 插入素材

【步骤6】按空格键在节目面板中预览效果,保存文件并输出影片。

知识拓展

1. 影片的基本单位为帧,要精确控制镜头的切换,时间码必须精确到帧。

2. 时间码的简易输入:只需输入具体数值,前面的"0"和中间的":"无须输入。例如,时间码"00:01:01:10",只需输入"10110",时间点就被精确定位为1分1秒10帧。也就是说,时间码前面的0无须输入,但中间的0是必须要输入的。

3. 在"时间线"面板中定位时间点和在"节目"面板中定位时间点是一样的,大家可以根据自己的习惯来进行操作。

技能提升

快捷键剪辑技巧运用

对于 Premiere 的剪辑，许多人都是将整个素材拖入时间轴，然后用"剃刀工具"进行剪辑。但其实这种办法既烦琐又缺少条理。本节讲解运用素材源面板进行剪辑的方法，想提高剪辑的速度，必须熟记键盘上相对应的快捷键，使用键盘与鼠标相配合实现快速剪辑，如图 2-42 所示。

图2-42　键盘

下面介绍常用的快捷键，如表 2-3 所示。

表2-3　常用的快捷键

快捷键	图标	功能	快捷键	图标	功能
J	◀∣	后退播放	I	∤	标记入点
J 连击		连击键盘上的 J 键成倍数后退播放，最多能连击 4 次，也就是 4 倍速后退播放	O	∤	标记出点
L	∣▶	前进播放	Space	▶	播放
L 连击		连击键盘上的 L 键成倍数前进播放，最多能连击 4 次，也就是 4 倍速前进播放	，		插入
K		暂停播放	.		覆盖

长期从事剪辑工作的剪辑师，都有自己独特的快速剪辑方法，下面介绍其中的一种。

（1）左手的食指放在键盘的 J 键上，中指放在键盘的 K 键上，无名指放在键盘的 L 键上，剪辑开始手指分别可以向上按 I、O 键，向下可以分别按"，""."键和 Space 键，几个手指配合使用，形成快速剪辑。

（2）同时右手放在鼠标上，拖动素材源面板上的时间指示器，快速浏览视频的功能。

（3）左右手同时配合使用，形成快速浏览视频素材并剪辑的方法，提高剪辑速度。

任务3　关键帧动画应用——《美食节目》

 **知识储备**

效果控件面板概述

将素材拖入视频轨道后，选中素材激活"效果控件"面板。"视频效果"可分为"运动""不透明度""时间重映射"3个区域，单击各区域左侧的 ▾ 按钮可以展开各区域，单击各区域右侧的"重置参数"按钮 ↻ 可以重置各参数，如图2-43所示。

图2-43　"效果控件"面板

1."运动"区域

位置：可以设置对象在屏幕中的坐标。

缩放（高度）：可调节被设置对象等比缩放度，在取消选中"等比缩放"复选框时，可以单独调整素材高度，宽度不变。

缩放宽度：默认为灰色不可用状态。在取消选中"等比缩放"复选框时，可以单独调整素材宽度，高度不变。

等比缩放：默认为选中状态，缩放按照等比缩放。取消选中时，可以分别调整高度和宽度。

旋转：可以设置对象在屏幕中的旋转角度。

锚点：可以设置对象的旋转或移动控制点。

防闪烁滤镜：消除视频中的闪烁现象。

2."不透明度"区域

创建蒙版：创建椭圆形、矩形和绘制不规则形状蒙版效果。

不透明度：可以使素材画面呈现半透明效果。

混合模式：可以调整各素材之间的混合效果。

3."时间重映射"区域

速度：可以对素材进行变速处理。

知识拓展

如果所选素材带有音频，"效果控件"面板中还会显示"音频效果"。

2 实训案例

案例学习目标

运用关键帧添加运动效果。

案例知识要点

导入素材；新建字幕；为位置、缩放、旋转、不透明度添加关键帧。

案例素材提供

Premiere Pro CC 视频编辑 / 模块 2/ 美食节目 / 素材。

案例操作步骤

【步骤 1】①启动 Premiere Pro CC 软件，弹出"开始"界面，单击"新建项目"按钮，如图 2-44 所示。②弹出"新建项目"对话框，在"名称"文本框中输入项目名称"美食节目"，

在"位置"下拉列表框中选择保存文件的路径，单击"确定"按钮，完成项目的新建，如图 2-45 所示。③按 Ctrl+N 组合键，弹出"新建序列"对话框，在左侧列表中选择"DV-PAL"→"标准 48kHz"选项，单击"确定"按钮，完成序列的新建，如图 2-46 所示。

图2-44　"开始"界面

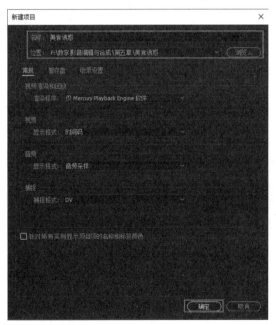

图2-45　"新建项目"对话框

图2-46　"新建序列"对话框

【步骤 2】①双击"项目"面板素材区空白处，弹出"导入"对话框，按住 Ctrl 键，选择"Premiere Pro CC 视频编辑 / 模块 2/ 美食节目 / 素材 /01.avi~04.avi、background.jpg 和 music.mp3"文件，单击"打开"按钮导入文件，如图 2-47 所示。②导入后的文件排列在"项目"面板中，如图 2-48 所示。③在"项目"面板中把"background.jpg"拖曳到"时间线"

面板中的"V1"轨道中，如图 2-49 所示。

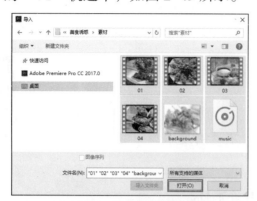

图2-47　导入文件

图2-48　"项目"面板

图2-49　拖动素材

【步骤3】①按 Ctrl+T 组合键，弹出"新建字幕"对话框，在"名称"文本框中输入"片头字幕"，单击"确定"按钮，如图 2-50 所示。②进入字幕编辑面板，单击字幕工具栏中的"文字工具"，在字幕工作区中输入文字"美食节目"。③在"字幕样式"面板中，选择需要的样式。④在字幕工作区的"属性"栏中选择需要的字体、字号并调整文字的位置，如图 2-51 所示。

图2-50　"新建字幕"对话框

图2-51　字幕编辑面板

⑤单击右上角的"关闭"按钮，字幕编辑面板关闭并自动保存。⑥在"项目"面板中单击"片头字幕"文件，并将其拖曳到"时间线"面板中的"V2"轨道中，如图 2-52 所示。

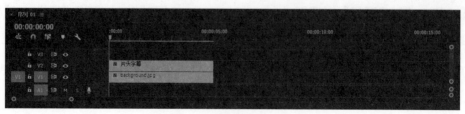

图2-52　拖曳素材（1）

【步骤4】①在"项目"面板中按住 Ctrl 键并依次单击"01.avi~04.avi"文件，将其拖曳到"时间线"面板中"V2"轨道的"片头字幕"文件后面。②在"项目"面板中单击"music.mp3"文件，将其拖曳到"时间线"面板中的"A1"轨道中，如图 2-53 所示。③调整"V1"轨道中"background.jpg"文件播放长度（利用吸附功能，将鼠标指针移动到素材结尾处拖曳延长，调整到与"V2"轨道中的视频总长相同）。④调整"A1"轨道中"music.mp3"文件播放长度（利用吸附功能，将鼠标指针移动到素材结尾处拖曳缩短，调整到与"V2"轨道中的视频总长相同），如图 2-54 所示。

图2-53 拖曳素材（2）

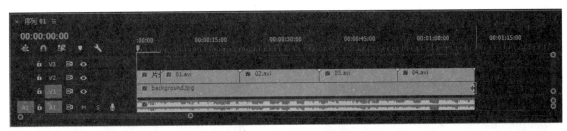

图2-54 调整视频总长

【步骤5】选中"时间线"面板"V2"轨道中"片头字幕"文件，打开"效果控件"面板，展开"运动"选项，将时间指示器移动到 00：00 位置，单击"缩放"前面的码表，将"缩放"选项设置为"2000.0"，记录第一个动画关键帧，如图 2-55 所示。将时间指示器移动到 02：00 位置，将"缩放"选项设置为"100.0"，记录第二个动画关键帧，如图 2-56 所示。

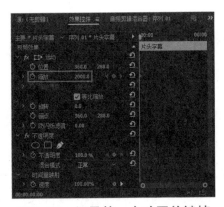

图2-55 记录第一个动画关键帧

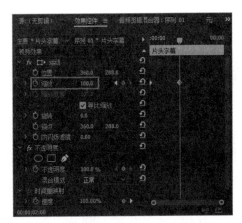

图2-56 记录第二个动画关键帧

时间指示器跳转到准确位置的快捷方法：在"效果控件"面板左下角的"时间码" 00:00:21:00 上单击，就可以直接输入想跳转的时间。

【步骤6】①选中时间线面板"V2"轨道中的"01.jpg"文件，打开"效果控件"面板，展开"运动"选项，将时间指示器移动到05：00位置，单击"位置"前面的码表，将"位置"设置为"−290.0"和"288.0"；单击"缩放"前面的码表，将"缩放"设置为"0.0"；单击"旋转"前面的码表，将"旋转"设置为"0.0"；单击"不透明度"前面的码表，将"不透明度"设置为"0.0%"，如图2-57所示。②将时间指示器移动到08：00位置，将"位置"设置为"360.0"和"288.0"；将"缩放"设置为"80.0"；将"旋转"设置为"1×0.0°"；将"不透明度"设置为"100.0%"，如图2-58所示。③将时间指示器移动到18：00位置，单击"位置""缩放""旋转""不透明度"选项各数值后的关键帧按钮，分别手动添加关键帧，使其与前一关键帧相同，如图2-59所示。

④将时间指示器移动到21：00位置，将"位置"选项设置为"1000.0"和"288.0"；将"缩放"设置为"0.0"；将"旋转"设置为"0.0°"；将"不透明度"设置为"0.0%"，如图2-60所示。

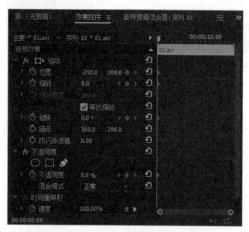

图2-57 "效果控件"面板

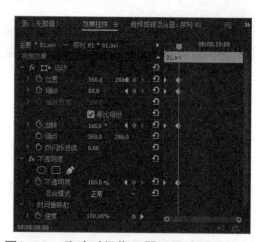

图2-58 移动时间指示器设置选项值（1）

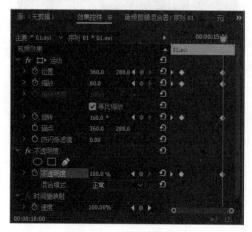

图2-59 添加关键帧

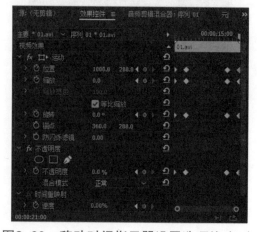

图2-60 移动时间指示器设置选项值（2）

【步骤 7】①选中时间线面板"V2"轨道中的"02.jpg"文件，打开"效果控件"面板，展开"运动"选项，将时间指示器移动到 21∶00 位置，单击"位置"前面的码表⏱，将"位置"设置为"360"和"−290.0"；单击"缩放"前面的码表⏱，

将"缩放"设置为"0.0"；单击"旋转"前面的码表⏱，将"旋转"设置为"0.0"；双击"不透明度"前面的码表⏱，将"不透明度"设置为"0.0%"，如图 2-61 所示。②将时间指示器移动到 24∶00 位置，将"位置"设置为"360.0"和"288.0"；将"缩放"设置为"80.0"；将"旋转"设置为"1 × 0.0°"；将"不透明度"设置为"100.0%"，如图 2-62 所示。③将时间指示器移动到 34∶00 位置，单击"位置""缩放""旋转""不透明度"选项各数值后的关键帧按钮◀ ◆ ▶，分别手动添加关键帧，使其与前一关键帧相同，如图 2-63 所示。④将时间指示器移动到 37∶00 位置，将"位置"设置为"360.0"和"810.0"；将"缩放"设置为"0.0"；将"旋转"设置为"0.0°"；将"不透明度"设置为"0.0%"，如图 2-64 所示。

图2-61　"效果控件"面板

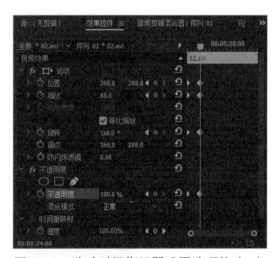

图2-62　移动时间指示器设置选项值（1）

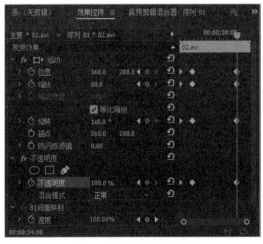

图2-63　添加关键帧

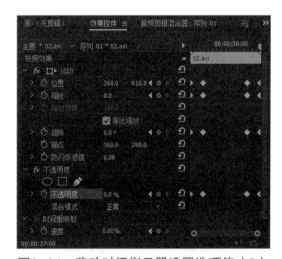

图2-64　移动时间指示器设置选项值（2）

1. 在打开码表变更播放时间后，每输入一次参数就可以自动新建一个关键帧。

2. 如果希望素材在一段时间内静止不动，在新建关键帧时就需要手动添加关键帧。

【步骤8】①素材"01.avi"和"02.avi"关键帧运动制作完成后，运动效果分别是"01.avi"为从左进入从右退出；"02.avi"为从上进入从下退出。素材"03.avi"和"04.avi"的关键帧运动效果分别是"03.avi"为从右进入从左退出；"04.avi"为从下进入从上退出。制作过程大致相同，制作步骤参考【步骤6】和【步骤7】。②选中需要输出的序列或节目面板，选择"文件"→"导出"→"媒体"选项，如图2-65所示。

③弹出"导出设置"窗口，单击"输出名称"后面的链接，在弹出的"另存为"对话框中输入文件名"美食节目"，单击"保存"按钮，如图2-66所示。返回"导出设置"窗口，单击"导出"按钮，如图2-67所示。《美食节目》制作完成，最终效果如图2-68所示。

图2-65　选择"媒体"选项

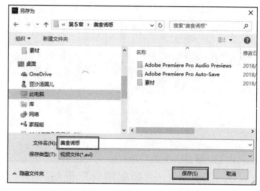

图2-66　"另存为"对话框

图2-67　"导出设置"窗口

图2-68　最终效果

③ 技能提升

添加定位点动画

案例素材提供

Premiere Pro CC 视频编辑 / 模块 2/ 红灯笼 / 素材。

在"效果控件"面板中，可以通过调整锚点的位置改变运动方式，达到理想效果。具体操作方法如下。

（1）把素材"01.jpg 和 02.png"导入时间线面板中，双击监视器窗口中的"02.png"素材，调整"锚点"到图片的适当位置，或者在"效果控件"面板"运动"→"锚点"参数中进行调整，如图 2-69 所示。

（2）在"效果控件"面板"运动"区域中，单击"旋转"前面的码表，设置"旋转"为不同角度参数，建立关键帧，使其呈现左右摇摆的效果。

图2-69 调整"锚点"位置

任务4 设置运动路径——《落叶纷飞》

① 实训案例

案例学习目标

调整运动手柄。

案例知识要点

导入 PSD 格式图片素材；创建关键帧动画；运动手柄的使用。

案例素材提供

Premiere Pro CC 视频编辑 / 模块 2/ 落叶纷飞 / 素材。

《落叶纷飞》
操作视频

案例操作步骤

【步骤1】①启动 Premiere Pro CC 软件，新建项目，名称为"落叶纷飞"。②按 Ctrl+N 组合键，新建序列（DV-PAL 标准 48kHz）。

【步骤2】①双击"项目"面板素材区空白处，弹出"导入"对话框，选择"Premiere Pro CC 视频编辑 / 模块 2/ 落叶纷飞 / 素材 /01.psd、background.jpg"文件，单击"打开"按钮导入文件，如图 2-70 所示。②在导入"01.psd"素材时，因格式为带层模式，弹出"导入分层文件"对话框，设置"导入为"为"各个图层"，选中"树叶"复选框，单击"确定"按钮，如图 2-71 所示。③导入后的文件排列在"项目"面板中，如图 2-72 所示。④在"项目"面板中将"background.jpg"文件拖曳到"时间线"面板中的"V1"轨道中，"01.psd"文件拖曳到"时间线"面板中的"V2"轨道中，如图 2-73 所示。

图2-70 导入图片文件

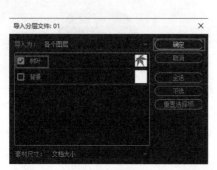

图2-71 "导入分层文件"对话框

图2-72 "项目"面板

图2-73 拖曳素材

【步骤3】选中时间线面板"V2"轨道中的"树叶 /01.psd"，打开"效果控件"面板，展开"运动"选项，将时间指示器移动到 00：00 位置，分别单击"位置""缩放""旋转"选项前面的码表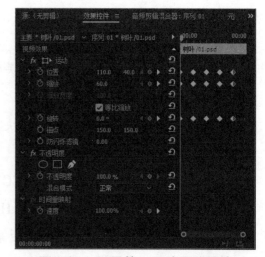，将"位置"设置为"110""40"；将"缩放"设置为"60"；将"旋转"设置为"0.0°"，记录第一组动画关键帧，如图 2-74 所示。将时间指示器移动到 01：00 位置，将"位置"设置为"180""140"；将"缩放"设置为"70"；将"旋转"设置为"30°"，记录第二组动画关键帧。将时间指示器移动到 02：00 位置，将"位置"设置为"180""140"；将"缩放"设置为"70"；将"旋转"设置为"20°"，记录第三组动画关键帧。将时间指示器移动到 03：00 位置，将"位置"设置为

图2-74 记录第一组动画关键帧

"208""340"；将"缩放"设置为"85"；将"旋转"设置为"70°"，记录第四组动画关键帧。将时间指示器移动到 04：00 位置，将"位置"设置为"100""480"；将"缩放"设置为"100"；将"旋转"设置为"50°"，记录第五组动画关键帧。

知识拓展

　　如果视频轨道内容编辑暂时结束，可以暂时锁定，以防编辑其他轨道素材时触碰到编辑完成的内容。

　　【步骤 4】设置好的路径只是一个弧度路径，下面通过调整它的节点使路径变得更加有坡度。①双击"节目监视器"面板中的树叶，将设置后的路径全部显示出来。②将鼠标指针移动到路径的控制手柄上，当鼠标指针变为▶形状时，对其进行拖动并调整，如果想对单个手柄进行调整，可以按住 Ctrl 键，如图 2-75 所示。

　　【步骤 5】用同样的方法制作多个树叶，播放时间和方向等都要略有不同。《落叶纷飞》制作完成，导出为 AVI 影片即可。最终效果如图 2-76 所示。

图2-75　调整路径

图2-76　最终效果

2 技能提升

时间重映射运用

案例素材提供

Premiere Pro CC 视频编辑 / 模块 2/ 大学生扇子舞 / 素材。

　　在"效果控件"面板中，可以利用"时间重映射"实现视频变速的功能，具体操作方法如下。

　　（1）在时间线面板中选中"大学生扇子舞 .avi"，在"效果控件"面板中将时间指示器移动到 48：00 位置，单击"添加 / 移除关键字"按钮，为"速度"新建第一个关键帧。将时间指示器移动到 01：37：00 位置，单击"添加 / 移除关键字"按钮，为"速度"新建第二个关键帧。

（2）展开"速度"，把鼠标指针移动到两个关键帧之间的连线上，当鼠标指针变为形状时，上下拖曳调整线，就能控制本段视频的播放速度。向上拉速度变快，向下拉速度变慢，如图 2-77 所示。如果想让视频变速过程更平滑，可以打开关键帧上的小图标，让线变成一个缓坡，如图 2-78 所示。至此《大学生扇子舞》制作完成。

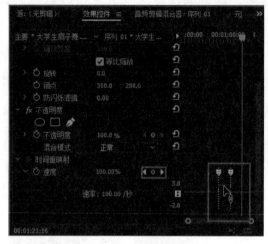

图2-77　调整速度

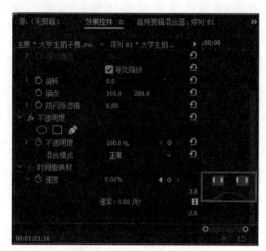

图2-78　使线变成缓坡

强化考核任务

《抒情片尾曲》
操作视频

《抒情片尾曲》

案例知识点提示

新建时间序列；导入所需图片素材和音频素材；制作字幕素材；为字幕素材添加运动特效；添加音频素材并调整素材长度；导出 AVI 格式影片。

案例欣赏

制作《抒情片尾曲》，最终效果如图 2-79 所示。

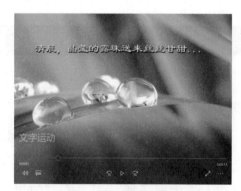

图2-79　最终效果

案例素材提供

Premiere Pro CC 视频编辑 / 模块 2/ 抒情片尾曲 / 素材。

模块 3

增光添彩——百变视频特效

知识目标

- 掌握视频过渡效果的添加。
- 掌握视频特效面板的使用。
- 熟悉制作视频过渡方法。
- 熟悉制作视频特效的流程。

技能目标

- 能够快速匹配过渡效果。
- 能够准确应用视频过渡效果。
- 能够快速寻找视频特效。
- 能够应用视频特效。

素质目标

- 培养学生准确判断的能力。
- 培养学生审美能力。
- 培养学生细致有序的操作能力。
- 培养学生逻辑思维能力。

任务1 视频过渡效果应用——《手工作品展》

1 知识储备

视频过渡特效面板

Premiere Pro CC 软件内置了很多效果，要使用就必须先打开效果面板，选择"窗口"→"效果"选项或者按 Shift+7 组合键，如图 3-1 所示。

效果面板包含预设、Lumetri 预设、音频效果、音频过渡、视频效果、视频过渡等文件夹。单击"视频过渡"前面的">"按钮打开视频过渡文件夹，里面又包括很多子文件夹，如图 3-2 所示。

再依次打开，每个文件夹里包含若干效果，如图 3-3 所示。

图3-1　打开效果面板　　　　图3-2　打开"视频过渡"文件夹　　　　图3-3　打开子文件夹

为素材添加视频过渡效果的操作很简单，就是在效果面板的"视频过渡"列表中选中某一效果，拖到时间线上前一个素材结束位置和后一个素材开始的位置就为这两个素材添加了过渡效果。

例如，新建项目和序列，导入两个素材，并放置在时间线面板中的"V1"视频轨道上，选中"划像→交叉划像"拖到两个素材之间，这样就给这两个素材添加了一个"交叉划像"过渡效果，如图 3-4 和图 3-5 所示。

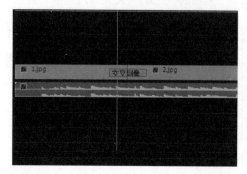

图3-4　添加"交叉划像"过渡效果　　　　图3-5　最终效果

60

② 实训案例

案例学习目标

给素材添加默认的视频过渡特效。

案例知识要点

导入素材；时间线上安排素材；为素材添加默认的视频过渡效果；更改默认的视频过渡效果。

案例素材提供

Premiere Pro CC 视频编辑 / 模块 3/ 手工作品展 / 素材。

案例操作步骤

【步骤 1】①启动 Premiere Pro CC 软件，新建项目和序列，导入素材"01.jpg~05.jpg 和 music.mp3"。②在项目面板中右击素材"01.jpg"，选择"速度 / 持续时间"命令，设置持续时间为 3 秒，如图 3-6 所示。用同样的方法将其他图片素材的持续时间都设置为 3 秒。③按住 Ctrl 键不放，在"项目"面板中选择所有图片素材，拖到时间线面板中的"V1"轨道上，把背景音乐拖到时间线面板中的"A1"轨道上。④时间定位在 15 秒位置，用剃刀工具切割音频，选中后面部分并按 Delete 键删除。

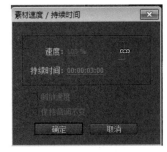

图3-6 设置持续时间

【步骤 2】①在时间线面板中将时间指示器的位置调整到 3 秒（在 01.jpg 和 02.jpg 的交界处），按 Ctrl+D 组合键或选择"序列"→"应用视频过渡效果"选项，在两个素材中间出现"交叉溶解"效果，如图 3-7 所示。拖动时间指示器从"01.jpg"到"02.jpg"，发现两张图片切换变得柔和，不那么生硬。这就是"交叉溶解"过渡效果的作用。②同样，将时间指示器的位置调整到"02.jpg"与"03.jpg"之间，按 Ctrl+D 组合键；将时间指示器的位置调整到"03.jpg"与"04.jpg"之间，按 Ctrl+D 组合键；将时间指示器的位置调整到"04.jpg"与"05.jpg"之间，按 Ctrl+D 组合键，这样给所有素材之间都添加了默认的"交叉溶解"效果。按 Space 键在"节目"面板预览效果，如图 3-8 所示。

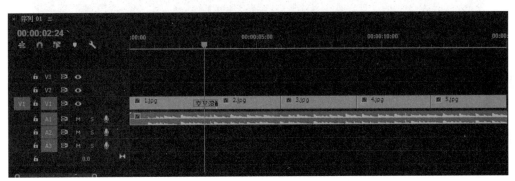

图3-7 "交叉溶解"效果

【步骤3】如果对默认的过渡效果"交叉溶解"不满意，可以在效果面板选择一个喜欢的过渡效果并右击，在弹出快捷菜单中选择"将所选过渡设置为默认过渡"命令，如图3-9所示。这时再按 Ctrl+D 组合键，就会发现添加的默认效果是刚才设置的过渡效果。

图3-8　预览效果

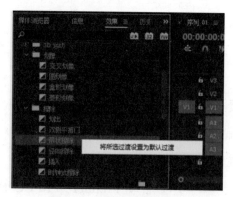

图3-9　设置过渡效果

【步骤4】保存文件，选择"文件"→"导出"→"媒体"命令导出影片。

3 技能提升

3.1　清除与替换过渡特效

如果添加的过渡效果不理想，可以用如下两种方法清除它。

（1）单击选中时间线上的过渡效果，按 Delete 键删除。

（2）选中时间线上的过渡效果并右击，在弹出的快捷菜单中选中"清除"命令即可，如图 3-10 所示。

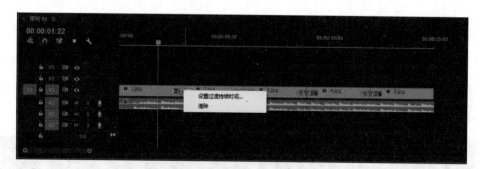

图3-10　删除过渡效果

如果添加的过渡效果不理想，也可以用如下两种方法更换。

（1）在效果面板中选择另外一个过渡效果，直接拖到要替换的过渡效果上，原来的效果被替换为新的过渡效果。

（2）在时间线上选中原来的过渡效果，先清除，再在效果面板中选中一个过渡效果拖到原来的位置上。

3.2 过渡效果控制

默认的过渡效果持续时间为 1 秒。可以更改过渡效果的持续时间，还有更多的属性值也是可以更改的，详见"过渡效果控制面板"。选中过渡效果，在"效果控件"窗口就会出现该过渡效果的各个属性，根据需要进行调节。过渡效果不同其属性值也不同。图 3-11 所示的是"交叉溶解"的控制面板，图 3-12 所示的是"带状擦除"的控制面板。

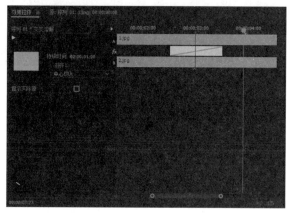

图3-11 "交叉溶解"控制面板

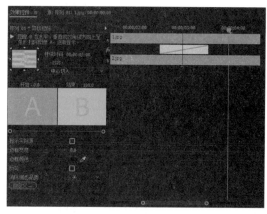

图3-12 "带状擦除"控制面板

持续时间：该参数用来设定视频过渡效果的持续时间，时间越长过渡越慢，时间越短过渡越快。默认持续时间为 1 秒。

对齐：该参数用于控制视频过渡效果的对齐方式。一般有中心切入、起点切入、终点切入和自定义起点 4 种。默认为"中心切入"，如图 3-13 所示。

开始：该参数用于控制视频过渡效果开始的位置，默认值为 0，表示视频过渡效果是从整个视频过渡过程的开始位置开始过渡的。如果参数设置为 20，则过渡效果是从整个过渡过程的 20% 的位置开始过渡的。

结束：该参数用于控制视频过渡效果结束的位置，默认值为 100，表示视频过渡效果在持续时间内完成整个视频过渡。如果参数设置为 70，则过渡效果在完成整个过渡效果的70% 时结束，如图 3-14 所示。

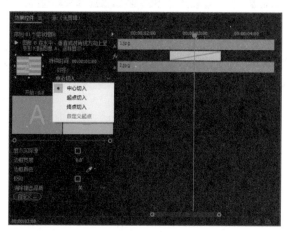

图3-13 默认"中心切入"

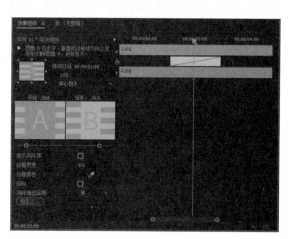

图3-14 设置过渡效果结束的位置

显示实际源：该参数用来在视频过渡预览区域中显示实际的素材过渡效果，默认状态为不显示，如图 3-13 所示。选中"显示实际源"复选框，才会显示实际素材，如图 3-15 所示。

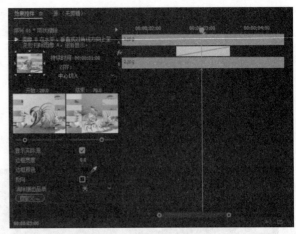

图3-15　显示实际素材

　　边框宽度：该参数用于设置过渡效果中的边框的宽度。数值越大边框越宽，数值越小边框越细。默认值为 0。

　　边框颜色：该参数用于设置过渡效果中边框的颜色。

　　反向：该参数用于设置过渡的先后顺序，一般是从第一个素材向第二个素材过渡，反向就是从第二个素材向第一个素材过渡。

　　消除锯齿品质：该参数有无、低、中、高 4 个选项。可以消除过渡效果边缘的锯齿，使变化更为柔和。

　　自定义：该参数用于设置过渡效果的特有参数。每个过渡效果都有不同的参数。如图 3-16 所示，带状擦除的自定义参数是设置带数量。如图 3-17 所示，棋盘效果的自定义参数是设置水平切片和垂直切片的数量。

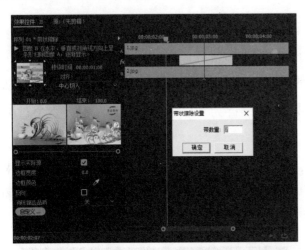

图3-16　设置带数量

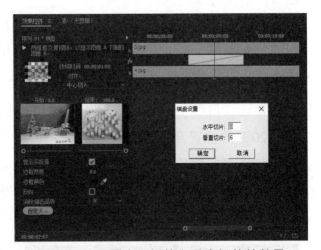

图3-17　设置水平切片和垂直切片的数量

3.3　快速匹配过渡效果

案例素材提供

　　Premiere Pro CC 视频编辑 / 模块 3/ 电子相册 / 素材。

　　很多时候，人们要对大量的图片素材添加过渡效果，逐一添加视频过渡效果将花费大量的时间。Premiere Pro CC 通过对该过程进行自动化处理，使应用过渡变得更轻松，方法是允许将默认过渡效果添加到任意连续或不连续的剪辑中。通过下面的实例进行练习。具体操作方法如下。

（1）新建项目和序列，导入素材"1.jpg~16.jpg 和 music.mp3"，在项目面板中选中第一张图片，按住 Shift 键再单击最后一张图片，全选素材，拖到时间线面板中的"V1"轨道上，快速安排素材，如图 3-18 所示。

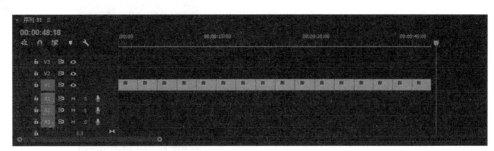

图3-18 安排素材

（2）由于图片尺寸较大，节目面板中不能全部显示，需要缩小比例。在时间线上选中第一张图片，在"效果控件"面板中取消选中"等比缩放"复选框，将"缩放高度"设置为"50.0"，"缩放宽度"设置为"40.0"，如图 3-19 所示。

（3）在"效果控件"面板中选中"运动"并右击，在弹出的快捷菜单中选择"复制"命令，如图 3-20 所示。

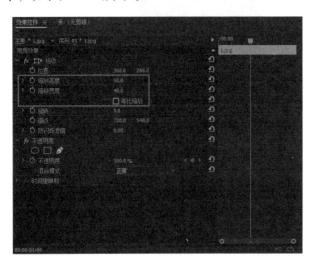

图3-19 "效果控件"面板

图3-20 选择"复制"命令

（4）在视频轨道上用"选择"工具框选所有素材或使用工具栏中"轨道选择工具" 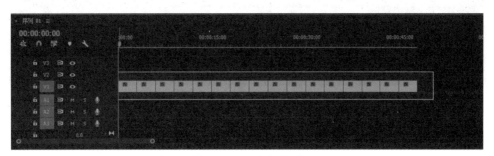 选中所有素材，如图 3-21 所示。按 Ctrl+V 组合键粘贴，这样把所有素材都按照第一张图的比例进行缩放设置。

图3-21 选中素材

（5）保持全选状态，选择"序列→应用默认过渡到选择项"命令，如图3-22所示，或者按Shift+D组合键，快速为多个素材添加默认切换效果。

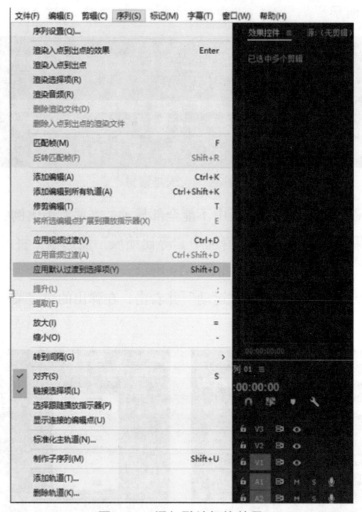

图3-22　添加默认切换效果

（6）按Space键在节目面板中预览效果，每个素材之间都添加了一个默认的过渡效果，如图3-23所示。第一个素材开始和最后一个素材结束位置也分别添加了一个默认切换，实现淡入和淡出的效果。

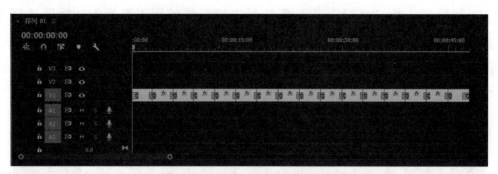

图3-23　添加默认过渡效果

（7）为相册添加背景音乐。在项目面板中拖动声音素材到时间线"A1"轨道上，用剃刀工具在视频轨道结束位置单击，切割声音素材，选中第二部分声音素材并删除，如图3-24所示。

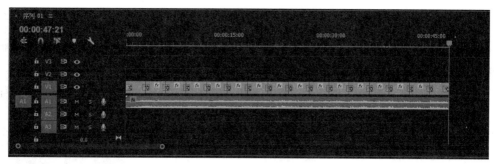

图3-24　添加背景音乐

（8）保存文件，输出影片。

知识拓展

应用快速添加过渡效果时，如果需要统一修改素材尺寸，所有素材的长宽尺寸最好相同，实施批处理时才会更加快捷。

任务2　视频特效应用——《更换壁画》

 **知识储备**

视频效果面板

Premiere Pro CC 中提供了 100 多种视频效果，大多数效果都带有一组参数，通过对这些参数的调节及关键帧技术来创建丰富的视觉效果。下面先来了解一下效果面板和效果控件面板。

视频效果面板和视频过渡面板都在效果面板中，如图 3-25 所示。如果效果面板没有打开，单击"窗口"→"效果"按钮或直接按 Shift+7 组合键，即可打开效果面板。

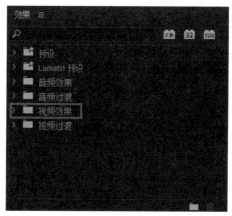

图3-25　效果面板

单击"视频效果"左侧的">"按钮，就会看到视频效果的各个分类，再继续单击每个分类前的">"按钮，就可以看到各个效果，如图3-26所示。

在效果面板搜索条右侧有3个图标，如图3-26所示。了解图标的意义可以为素材选择合适的视频效果。

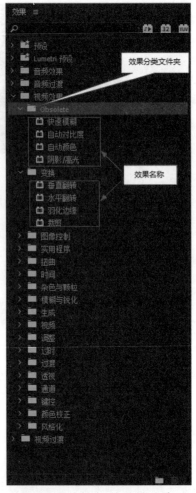

图3-26　视频效果的分类

![icon]: 加速效果图标，表示可以使用图形处理单元（GPU称为视频卡或显卡）来加速效果。

![icon]: 可以在每通道32位模式中处理，这也称为高位深或浮点处理。在剪辑上使用32位效果时，尝试仅使用32位效果以获得最佳质量。如果混合并匹配效果，则非32位的效果将切换到8位空间进行处理。

![icon]: 可以在YUV中处理颜色。如果要调整剪辑的颜色，不带YUV图标的效果会在计算机的原生RGB空间中进行处理，而这会使调整曝光和颜色不是很正确。YUV效果将视频分为Y通道（或亮度通道）和两个颜色信息通道，这是大多数视频素材的原生构建方式。这些滤镜使调整对比度和曝光变得简单，并且不会改变颜色。

单击这3个图标中的任意一个，就会筛选出符合条件的效果。用户可以自行选择使用。

2 实训案例

案例学习目标

利用"边角定位"效果实现壁画的更改；嵌套序列应用。

《更换壁画》
操作视频

案例知识要点

导入素材；给素材添加视频效果；更改视频效果参数；利用嵌套序列制作动态效果。

案例素材提供

Premiere Pro CC视频编辑/模块3/更换壁画/素材。

案例操作步骤

【步骤1】①启动Premiere Pro CC软件，新建项目和序列，导入图片素材"01.jpg~03.jpg"到项目面板中。②把素材"01.jpg"拖到时间线面板中的"V1"轨道上，在"效果控件"面板中调整"运动"中的"缩放"为"72"，如图3-27所示。③把素材"02.jpg"拖到"V2"轨道上，在"效果控件"面板中添加"视频效果→扭曲→边角定位"效果，调整"位置""锚点""缩放"和"边角定位"参数值，如图3-28所示。设置完毕后，素材"02.jpg"被放置在相框里，原图像成功被新图像覆盖。

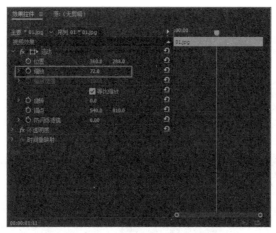

图3-27 调整"运动"效果

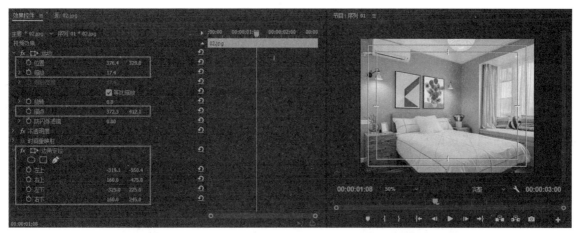

图3-28 添加"边角定位"效果

【步骤2】"边角定位"调节简便方法应用。①把素材"03.jpg"拖到"V3"轨道上，调整"缩放"为"20"。给素材"03.jpg"添加"视频效果→扭曲→边角定位"效果。②在"效果控件"面板中单击"边角定位"按钮，节目面板中图片的4个角会出现蓝色控制手柄，如图3-29所示。

图3-29 出现控制手柄

③用鼠标拖动 4 个手柄到左边相框的 4 个角，位置调整好。如果视图太小，可适当放大视图显示比例进行精细调整。最终效果如图 3-30 所示。

图3-30　最终效果

【步骤 3】制作视觉的移动效果。由于素材"01.jpg~03.jpg"分别位于不同的轨道，要做动画实现 3 个图片的同步会非常麻烦，因此把 3 个素材作为一个整体来处理。①在时间线面板中选中所有素材，如图 3-31 所示。②在选中的素材上右击，在弹出的快捷菜单中选择"嵌套"命令，如图 3-32 所示。③在"嵌套序列名称"窗口中单击"确定"按钮。3 个轨道作为一个嵌套序列被安排在"V1"轨道上，如图 3-33 所示。

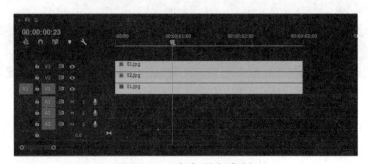

图3-31　选中所有素材

图3-32　选择"嵌套"命令

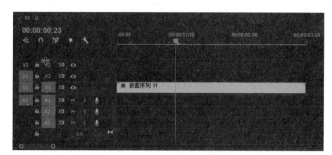

图3-33 安排嵌套序列

【步骤4】①在时间线面板中定位时间点到0秒位置，调整"缩放"为"200"。单击"位置"前的码表打开关键帧，调整图片位置为710.0，288.0，让图片左边缘与节目面板左侧对齐。②在时间线面板中定位时间点为2秒位置，位置为15.0，288.0，图片右边缘与节目面板右侧对齐。③在2秒位置单击"不透明度"右侧的"添加/移除关键帧"按钮，添加一个关键帧，定位时间到3秒位置，更改"不透明度"为"100%"，实现淡出的效果，如图3-34所示。

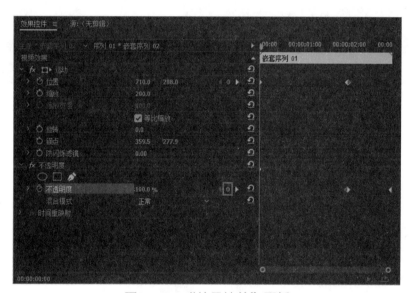

图3-34 "效果控件"面板

【步骤5】按Space键预览效果，保存文件，输出影片。

 技能提升

调整视频效果参数

案例素材提供

Premiere Pro CC 视频编辑 / 模块 3/ 调整视频效果参数 / 素材。

上例中的"黑白"效果是不带参数的，应用后直接显示效果。但大多数视频效果都是带很多参数的，应用效果后，如果不更改其参数，是达不到理想效果的。这就需要进一步调整

参数值，达到满意效果。

下面通过案例进行练习，具体操作方法如下。

（1）启动 Premiere Pro CC 软件，新建项目和序列，导入"01.jpg"素材。

（2）拖动素材"01.jpg"到时间线面板中的"V1"轨道上，打开"效果控件"面板，将"运动→缩放"的值改为"30.0"。

（3）打开"效果"面板，选择"视频效果"→"扭曲"→"镜像"选项，拖到素材"01.jpg"上，但节目面板素材没有任何变化。最终效果如图3-35所示。

图3-35　最终效果

（4）打开"效果控件"面板，调整"镜像→反射角度"的值为"90.0"，如图3-36所示。最终效果如图3-37所示。

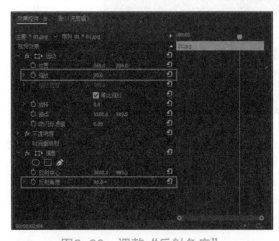

图3-36　调整"反射角度"

图3-37　调整"反射角度"后的效果

（5）保存文件，输出影片。

知识拓展

视频效果参数中还可以设置蒙版，用来设置效果的作用范围。蒙版类型可以是椭圆形蒙版、四点多边形蒙版和自由绘制贝塞尔曲线。图3-38所示的是为素材设置了一个椭圆形蒙版，镜像效果只在椭圆区域内起作用。

一个视频效果可以添加多个蒙版。蒙版是可以单独清除的，方法是在"效果控件"面板中右击文字"蒙版"所在行，在弹出的快捷菜单中选择"清除"命令。

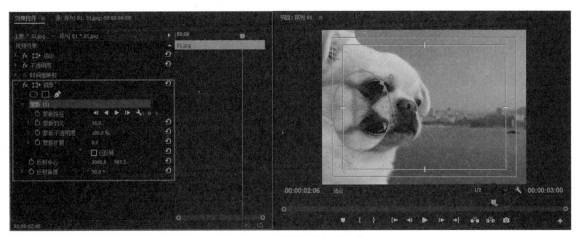

图3-38 设置椭圆形蒙版

任务3 视频特效参数调整——《立体旋转效果》

 实训案例

案例学习目标

利用基本 3D 效果制作立体旋转效果；利用渐变效果制作颜色渐变。

案例知识要点

导入素材；新建字幕；给素材添加 3D 效果；添加渐变效果；更改视频效果参数；关键帧动画制作。

《立体旋转效果》
操作视频

案例素材提供

Premiere Pro CC 视频编辑 / 模块 3/ 立体旋转效果 / 素材。

案例操作步骤

【步骤 1】①启动 Premiere Pro CC 软件，新建项目和序列，导入图片素材"01.psd"到项目面板中，弹出"导入分层"对话框，选择"合并图层导入"选项即可。②按 Ctrl+T 组合键，新建字幕。③在"字幕"面板中选择文本工具，输入文字"三维文字"，设定字体、字号、颜色、垂直居中、水平居中，关闭"字幕"面板，如图 3-39 所示。

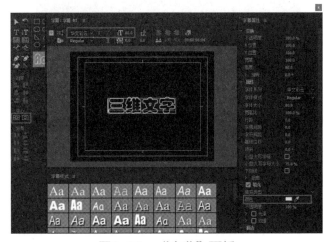

图3-39 "字幕"面板

　　导入".psd"格式图片时会弹出"导入"分层对话框，可以根据需要选择"分层导入"或"合并所有图层导入"选项。

　　【步骤2】①在项目面板中选中素材"01.psd"，拖到时间线面板中的"V1"轨道上，时间指示器定位在6秒位置，素材"01.psd"延长至6秒，如图3-40所示。②给素材添加"视频效果→透视→基本3D"效果，在"效果控件"面板中打开基本3D效果，修改参数。时间指示器定位在0秒位置，打开"旋转"和"倾斜"选项前的码表，添加关键帧。时间指示器定位到4秒位置，"旋转"设置为"1x0.0°"，"倾斜"设置为"2x0.0°"，如图3-41所示。③给素材"01.psd"添加"视频效果→生成→渐变"效果。打开"效果控件"面板，修改参数。"起始颜色"设置为红色（#FF0000），"结束颜色"设置为黄色（#FFFF00），如图3-42所示。

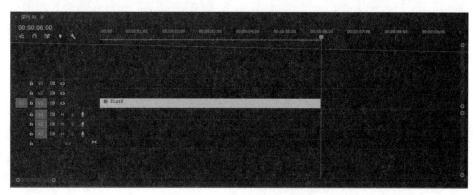

图3-40　调整素材时间

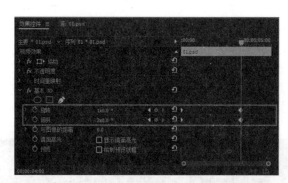

图3-41　添加效果并修改参数

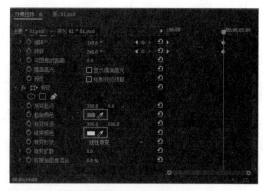

图3-42　设置颜色

　　【步骤3】①在时间线面板中的轨道上右击，在弹出的快捷菜单中选择"添加轨道"选项，如图3-43所示。②在"添加轨道"对话框中，"视频轨道"栏中的"添加"设置为"3视频轨道"，"放置"调整为"视频3之后"，"音频轨道"栏中的"添加"设置为"0音频轨道"，单击"确定"按钮，如图3-44所示。③选择"V1"轨道上的素材并复制（Ctrl+C），时间线定位到0秒，选择"V2"轨道并粘贴（Ctrl+V），如图3-45所示。同样在"V3""V4""V5"轨道上粘贴素材。每个轨道开始点向后延5帧，如图3-46所示。

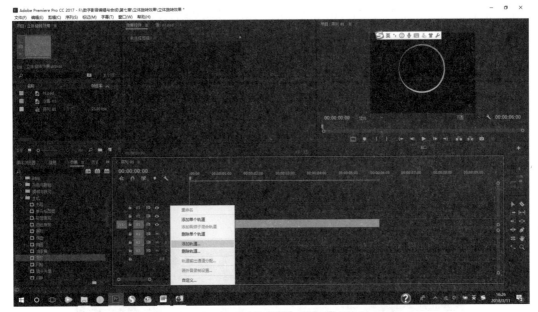

图3-43　选择"添加轨道"选项

图3-44　"添加轨道"对话框

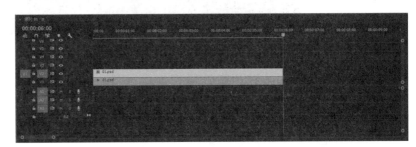

图3-45　复制与粘贴素材

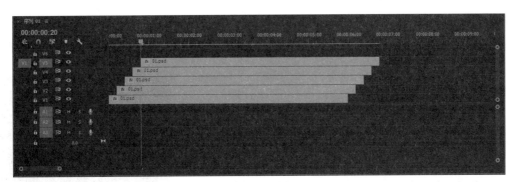

图3-46　后延开始点

【步骤4】①时间点定位在0秒位置，拖动字幕到"V6"轨道上，选择"V1"轨道上的素材，在"效果控件"面板中单击"基本3D"效果并右击，选择"复制"命令。单击字幕，在"效果控件"面板中右击，选择"粘贴"命令，如图3-47所示。②时间指示器定位在6秒位置，选择全部6个视频轨道，按 Ctrl+K 组合键，整体裁切，如图3-48所示。③用选择工具选中

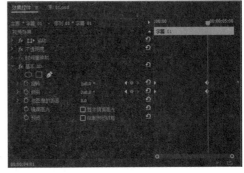

图3-47　"效果控件"面板

6个轨道6秒后的多余部分，按 Delete 键删除，如图 3-49 所示。

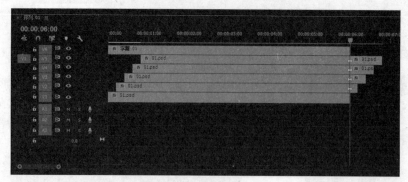

图3-48　整体裁剪

图3-49　删除多余部分

【步骤5】按 Space 键预览效果。保存文件，输出影片。

　技能提升

视频效果叠加应用

案例素材提供

　　Premiere Pro CC 视频编辑 / 模块 3/ 立体相框 /
素材。

案例操作步骤

　　【步骤1】①启动 Premiere Pro CC 软件，新建
项目和序列，导入"1.jpg、2.jpg"素材到项目面板
中。②在项目面板中单击右下角的"新建分项"按
钮，选择"颜色遮罩"选项，如图 3-50 所示。弹
出"新建颜色遮罩"对话框，单击"确定"按钮，
如图 3-51 所示。③在"拾色器"里选择一种颜色
（本例颜色可自定义），单击"确定"按钮。在名称
栏中输入"background"，单击"确定"按钮。

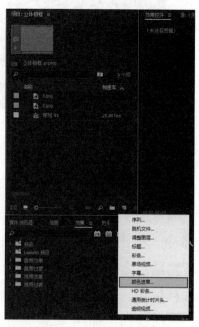

图3-50　"项目"面板

图3-51　"新建颜色遮罩"对话框

【步骤2】①在项目面板中选中刚才建立的"background"素材拖到时间线面板中的"V1"轨道上，播放时间缩短为3秒。②在"视频效果"栏中选择"生成→单元格图案"拖到"V1"轨道上，在"效果控件"面板中更改参数：选择"单元格图案"→"晶体 HQ"选项，如图3-52所示。③再给素材添加一个"生成→四色渐变"效果，设置"混合模式"为"叠加"，如图3-53所示。节目面板中的最终效果如图3-54所示。

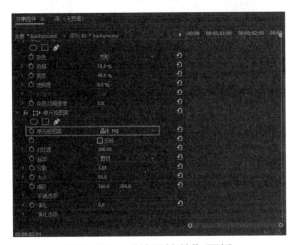

图3-52　"效果控件"面板

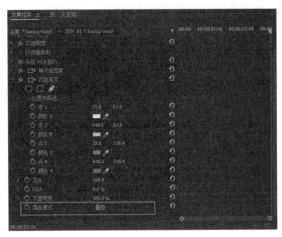

图3-53　添加"四色渐变"

【步骤3】①在项目面板中选择"01.jpg"素材，拖到时间线面板中的"V2"轨道上并选中，在"效果控件"面板中调整位置为512.0，320.0；设置缩放为"8.0"，"旋转"角度为"15.0"，如图3-55所示。

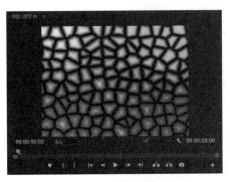

图3-54　最终效果

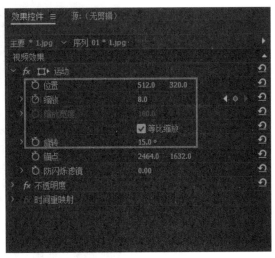

图3-55　调整位置

②在效果面板中选择"视频效果→透视→斜角边"拖到"V2"轨道素材上，在"效果控件"面板中调整参数，设置"边缘厚度"为"0.05"，"光照角度"为"–30.0°"，"光照强度"为"0.40"，如图3–56所示。节目面板中的最终效果如图3–57所示。

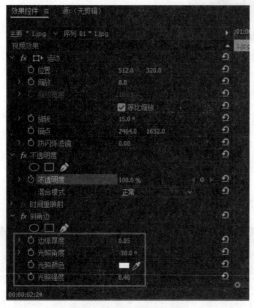

图3-56　调整参数

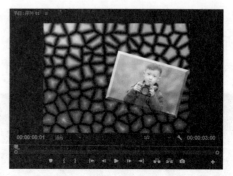

图3-57　最终效果

【步骤4】①在时间线上定位时间点为1秒位置，拖动"01.jpg"素材到1秒开始位置，在"效果控件"面板中单击缩放前的码表，添加关键帧。②时间指示器定位到1秒10帧位置，再添加关键帧。③时间指示器定位到1秒位置，修改"缩放"为"100.0"，"不透明度"为"0.0%"；素材"01.jpg"的动画效果制作完成。"效果控件"面板中的设置和时间线面板如图3–58所示。

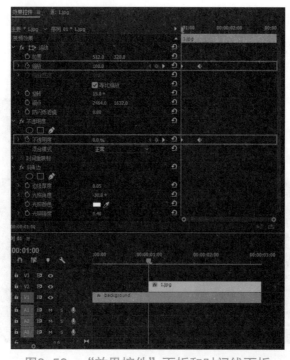

图3-58　"效果控件"面板和时间线面板

【步骤5】①在时间线面板中定位时间点在 2 秒，在项目面板中选择素材"02.jpg"，拖到时间线面板中的"V3"轨道 2 秒开始位置。②选中"V2"轨道上的素材，在"效果控件"面板中按住 Ctrl 键，选中"运动""不透明度"和"斜角边"效果并右击，在弹出的快捷菜单中选择"复制"命令。③选中"V3"轨道上的素材，在"效果控件"面板中右击，在弹出的快捷菜单中选择"粘贴"命令，"V2"轨道素材的"运动""不透明度"和"斜角边"效果，被应用于"V3"轨道素材上。④调整"V3"轨道"运动"里的位置为"160.0，360.0"，"旋转"角度为"-20.0"。⑤把时间线上所有素材的结束时间全部调整为 3 秒，最终效果如图 3-59 所示。

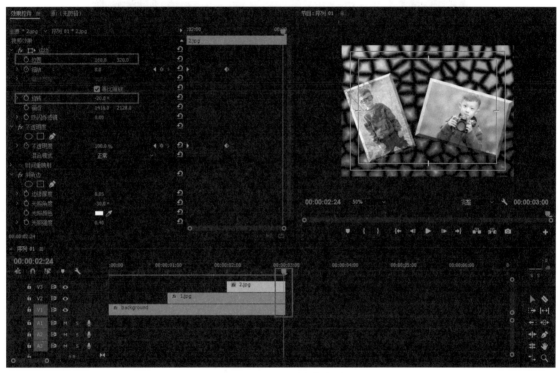

图3-59　设置参数

【步骤6】按 Space 键预览效果，保存文件，输出影片。

强化考核任务

《风景纪录片》

《风景纪录片》
操作视频

案例知识点提示

新建时间序列；导入所需图片素材和音频素材；时间线上安排素材；制作字幕；嵌套序列；添加轨道遮罩键；制作字幕动画效果；添加音频素材并调整素材长度；导出 AVI 格式影片。

案例欣赏

制作《风景纪录片》音乐相册，最终效果如图 3-60 所示。

图3-60　最终效果

案例素材提供

Premiere Pro CC 视频编辑 / 模块 3/ 风景纪录片 / 素材。

模块 4

图文并茂——字幕与字幕特效运用

知识目标

- 掌握字幕编辑面板的使用。
- 掌握字幕编辑与制作。
- 熟悉运动字幕制作。
- 熟悉工具的灵活运用。

技能目标

- 能够快速制作字幕。
- 能够准确应用字幕效果。
- 能够应用排列、对齐工具。
- 能够灵活运用字幕设置。

素质目标

- 培养学生构图能力。
- 培养学生创新意识。
- 培养学生色彩感知能力。
- 培养学生统筹规划能力。

任务1 字幕编辑与制作——《片头文字动画》

知识储备

字幕编辑面板概述

字幕面板是 Premiere Pro CC 中生成字幕的重要工具，包括字幕工具栏、字幕工作区、"字幕属性"面板、字幕动作栏和"字幕样式"面板等相关编辑工具。利用字幕面板用户不仅能创建各种各样的文字特效，还能绘制各种图形，为用户编辑工作提供了便利，如图 4-1 所示。

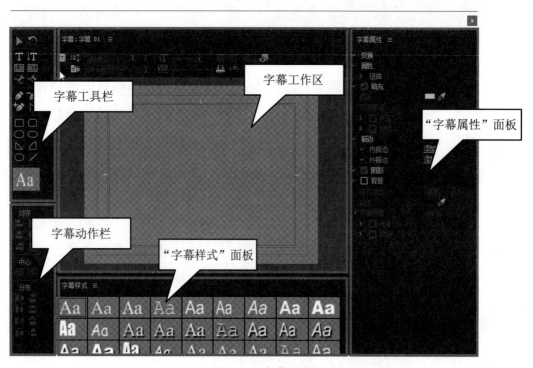

图4-1 字幕面板

新建字幕的方法有以下两种。

（1）通过选择"文件"→"新建"→"字幕"选项，创建字幕。

（2）通过按 Ctrl+T 组合键，创建字幕。

1.1 字幕工作区

字幕工作区是创建、编辑字幕的主要工作场所，用户不仅可以在该面板中直观地了解字幕应用于影片后的效果，还可以直接对其进行修改操作。字幕工作区分为编辑窗口和属性栏两部分。其中，编辑窗口是创建和编辑字幕的区域，属性栏内包含字体、字体样式等字幕对

象常见的属性设置，方便快速调整字幕对象，提高工作效率，如图4-2所示。

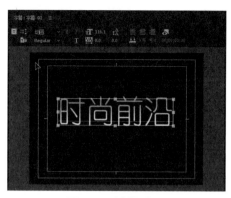

图4-2　编辑窗口

知识拓展

编辑窗口中有两个白色矩形线框，其中内部线框是安全字幕边距，外部线框是安全动作边框。进行编辑时要把重要的文字或图像放置在安全框之内，因为在安全框外的文字或图像，在电视中可能存在不被显示或者出现模糊和变形现象。

字幕工作区中各属性的图标、名称及功能如表4-1所示。

表4-1　各属性的图标、名称及功能

图　标	名　　称	功　　能
	基于当前字幕新建字幕	单击该图标弹出对话框，可以为新字幕重命名。本操作相当于复制出一个字幕
	滚动/游动选项	单击该图标弹出对话框，可以设置字体的运动类型
	模板	单击该图标弹出模板选项，可以选择模板
Adobe...	字体	在此下拉列表中可以选择字体
Regular	字体样式	在此下拉列表中可以设置字形
T	粗体	将当前选中的文字加粗
T	斜体	将当前选中的文字倾斜
T	下划线	将当前选中的文字设置下划线
T	大小	将当前选中的文字设置字体大小
VA	字偶间距	将当前选中的文字设置字间距
A	行距	将当前选中的文字设置行间距
	左对齐	将当前选中的对象靠左对齐
	居中	将当前选中的对象居中对齐
	右对齐	将当前选中的对象靠右对齐
	制表位	可以通过单击刻度尺上方的灰色区域添加制表符
	显示背景视频	编辑窗口显示当前鼠标指针所处位置的画面。可以通过时间码位置的调整显示需要的画面

字幕工具栏提供了一些制作文字和图形的常用工具，利用这些工具可以添加标题文本、路径文本、绘制简单的几何图形，还可以定义文本样式，如图4-3所示。

图4-3　字幕工具栏

字幕工具栏中各工具的图标、名称及功能如表4-2所示。

表4-2　字幕工具栏中各工具的图标、名称及功能

图　标	名　称	功　能
	选择工具	用于选择某个文字或图形。选中后，对象周围会出现多个编辑点，可以对其进行大小和位置编辑。按住 Shift 键可以选择多个对象
	旋转工具	用于对选择工具所选对象进行旋转操作
	文字工具	用于输入或修改水平方向上的文字
	垂直文字工具	用于输入或修改垂直方向上的文字
	区域文字工具	可以拖曳出文本框，在水平方向上输入多行文字。输入文字按照文本框宽度自动换行，即使文字数量超出文本框，文字也不会在文本框以外的区域显示出来
	垂直区域文字工具	可以拖曳出文本框，在垂直方向上输入多行文字
	路径文字工具	绘制弯曲路径输入平行于路径的文本
	垂直路径文字工具	绘制弯曲路径输入垂直于路径的文本
	钢笔工具	用于创建或调整路径。还可以通过调整路径的形状影响"路径文字工具"和"垂直路径文字工具"所创建的路径文字
	删除锚点工具	用于在已创建的路径上删除定位点

续表

图　标	名　称	功　能
 	添加锚点工具	用于在已创建的路径上添加定位点
	转换锚点工具	用于调整控制点使其路径的形状改变，并可使"平滑控制点"与"角定控制点"之间互相转换
	矩形工具	用于绘制矩形
	圆角矩形工具	用于绘制圆角矩形
	切角矩形工具	用于绘制切角矩形
	圆矩形工具	用于绘制圆矩形
	楔形工具	用于绘制三角形
	弧形工具	用于绘制扇形
	椭圆工具	用于绘制椭圆形
	直线工具	用于绘制直线

知识拓展

在绘制图形时，可以根据需要结合 Shift 键和 Alt 键，快速地绘制规则图形，例如，按住 Shift 键可以绘制圆形，按住 Alt+Shift 组合键可以绘制以某中心创建圆形。

1.3　字幕动作栏

字幕动作栏主要用于编辑所选对象的排列或分布，如图 4-4 所示。

图4-4　字幕动作栏

字幕动作栏中各动作图标、名称及功能如表4-3所示。

表4-3　字幕动作栏中各动作图标、名称及功能

图　标	名　称	功　能
	水平靠左	所选对象以最左侧对象的左边线为基准进行对齐
	垂直靠上	所选对象以最上方对象的顶边线为基准进行对齐
	水平居中	所选对象以中间对象的垂直中线为基准进行对齐
	垂直居中	所选对象以中间对象的水平中线为基准进行对齐
	水平靠右	所选对象以最右侧对象的右边线为基准进行对齐
	垂直靠下	所选对象以最下方对象的底边线为基准进行对齐
	垂直居中	所选对象在屏幕中水平居中
	水平居中	所选对象在屏幕中垂直居中
	水平靠左	以左右两侧对象的左边线为界，使相邻对象左边线的间距保持一致
	垂直靠上	以上下两侧对象的顶边线为界，使相邻对象顶边线的间距保持一致
	水平居中	以左右两侧对象的垂直中心线为界，使相邻对象中心线的间距保持一致
	垂直居中	以上下两侧对象的水平中心线为界，使相邻对象中心线的间距保持一致
	水平靠右	以左右两侧对象的右边线为界，使相邻对象右边线的间距保持一致
	垂直靠下	以上下两侧对象的底边线为界，使相邻对象底边线的间距保持一致
	水平等距间隔	以左右两侧对象为界，使相邻对象的垂直间距保持一致
	垂直等距间隔	以左右两侧对象为界，使相邻对象的水平间距保持一致

知识拓展

　　"对齐"选项内的工具至少要选择两个对象后才能激活。"分布"选项内的工具至少要选择3个对象后才能激活。

1.4　"字幕属性"面板

　　在 Premiere Pro CC 中，所有与字幕内各对象属性相关的选项都在"字幕属性"面板中，利用该面板中的各种选项，用户可以调整对象的基本属性，如图4-5所示。字幕属性面板主要分为变换、属性、填充、描边、阴影、背景六部分。

图4-5 "字幕属性"面板

"字幕属性"面板的构成及作用如表 4-4 所示。

表4-4 "字幕属性"面板的构成及作用

属性名称	作　用
变换	可以调整对象的位置、宽度、高度、旋转角度、透明度等
属性	可以设置对象的一些基本属性,如文本大小、字体、字间距、字形等相关属性
填充	可以设置对象的填充类型、颜色、不透明度、光泽和纹理等
描边	可以设置对象的内描边和外描边,使其颜色呈现不同效果
阴影	可以设置对象的各种阴影效果
背景	可以设置字幕背景颜色、不透明度、光泽和纹理

1.5 "字幕样式"面板

在 Premiere Pro CC 中,使用"字幕样式"面板可以快速获得各种精美的字幕效果,如图 4-6 所示。如果要为一个对象应用预设样式效果,只需选中对象,然后在该面板中单击要应用的样式即可。

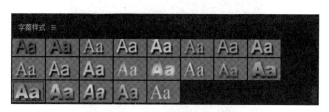

图4-6 "字幕样式"面板

2 实训案例

《片头文字动画》
操作视频

案例学习目标

创建字幕关键帧动画；为字幕添加视频特效。

案例知识要点

新建"字幕"编辑文字；使用"文字工具"编辑文字；为字幕添加"字幕样式"；为字幕创建关键帧动画；为字幕添加"球面化"视频特效。

案例素材提供

Premiere Pro CC 视频编辑 / 模块 4/ 感恩的心 / 素材。

案例操作步骤

【步骤 1】①启动 Premiere Pro CC 软件，新建项目，名称为"感恩的心"。②按 Ctrl+N 组合键，新建序列（DV–PAL 标准 48kHz）。

【步骤 2】①双击"项目"面板空白处，导入"Premiere Pro CC 视频编辑 / 模块 4/ 感恩的心 / 素材 /01.jpg"文件。②在"项目"面板中单击"01.jpg"文件将其拖曳到"时间线"面板中的"V1"轨道中，如图 4–7 所示。

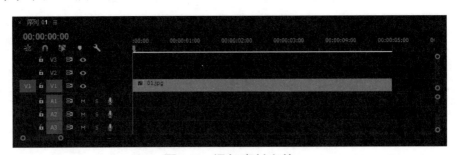

图4–7　添加素材文件

【步骤 3】①按 Ctrl+T 组合键，弹出"新建字幕"对话框，在"名称"文本框中输入"文字"，单击"确定"按钮，如图 4–8 所示。②进入字幕编辑窗口，单击字幕工具栏中的"文字工具"按钮 **T**，在字幕工作区中输入文字"感恩的"。③在"字幕样式"面板中选择需要的样式。④在"属性"栏中选择需要的字体、文字大小并调整文字的位置，如图 4–9 所示。⑤单击右上角的"关闭"按钮关闭字幕编辑窗口并自动保存。

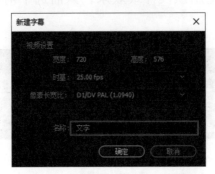

图4–8　"新建字幕"对话框

图4-9　设置文字格式

【步骤4】①按 Ctrl+T 组合键，弹出"新建字幕"对话框，在"名称"文本框中输入"心"，单击"确定"按钮，进入字幕编辑窗口。②单击字幕工具栏中的"文字工具"按钮█，使用中文输入法输入"xin"，在其选择列表中选择"♥"形。③在"字幕样式"面板中选择需要的样式。④在"属性"栏中调整其大小和位置，如图 4-10 所示。⑤单击右上角的"关闭"按钮█关闭字幕编辑窗口并自动保存。

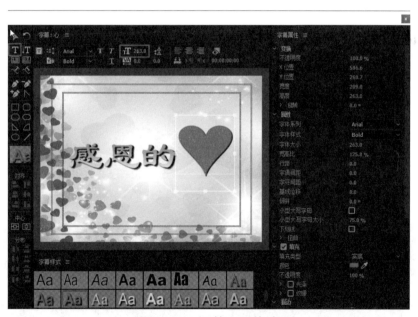

图4-10　调整心形格式

【步骤5】①在"项目"面板中单击"文字"字幕文件将其拖曳到"时间线"面板中的"V2"轨道中。②选中"文字"字幕，将时间指示器移动到 00：00 的位置，打开"效果控件"面板，展开"运动"选项，单击"位置"前面的码表█，将"位置"设置为"-95.0"和"288.0"，如图 4-11 所示，记录第一个动画关键帧。③将时间指示器移动到 01：00 的位置，将"位置"设置为"360.0"和"288.0"，如图4-12所示，记录第二个动画关键帧。

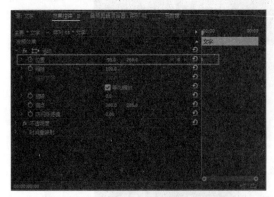
图4-11 记录第一个动画关键帧

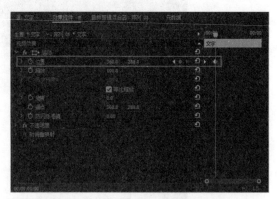
图4-12 记录第二个动画关键帧

【步骤6】①在"项目"面板中单击"心"字幕文件将其拖曳到"时间线"面板中的"V3"轨道中，如图4-13所示。②选中"心"字幕，将时间指示器移动到00：00的位置，打开"效果控件"面板，展开"运动"选项，单击"位置"前面的码表 ，将"位置"设置为"640.0"和"288.0"，如图4-14所示，记录第一个动画关键帧。③将时间指示器移动到01：00的位置，将"位置"设置为"360.0"和"288.0"，如图4-15所示，记录第二个动画关键帧。

④展开"旋转"选项，将时间指示器移动到01：00的位置，单击"位置"前面的码表，将"旋转"设置为"0.0°"，如图4-16所示，记录第一个动画关键帧。⑤将时间指示器移动到02：00的位置，将"旋转"设置为"2×0.0°"，如图4-17所示，记录第二个动画关键帧。

图4-13 拖曳"心"字幕文件到V3轨道

图4-14 设置"位置"选项（1）

图4-15 设置"位置"选项（2）

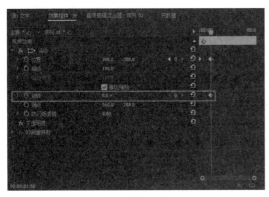
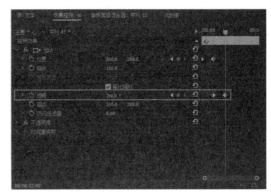

图4-16　设置"旋转"选项（1）　　　　图4-17　设置"旋转"选项（2）

【步骤7】①打开"效果"面板，展开"视频特效"文件夹，再展开"扭曲"文件夹，将"球面化"效果拖曳到"时间线"面板中的"心"字幕素材上，如图4-18所示。②在"效果控件"面板中展开"球面化"选项，单击"半径"前面的码表 🕐，将时间指示器移动到 02：00 的位置，将"半径"设置为"0.0"，如图4-19所示，记录第一个动画关键帧。将时间指示器移动到 02：10 位置，将"半径"设置为"686.0"，如图4-20所示，记录第二个动画关键帧。将时间指示器移动到 02：20 的位置，将"半径"设置为"0.0"，记录第三个动画关键帧。将时间指示器移动到 03：05 的位置，将"半径"设置为"686.0"，记录第四个动画关键帧。将时间指示器移动到 03：15 的位置，将"半径"设置为"0.0"，记录第五个动画关键帧，如图4-21所示。

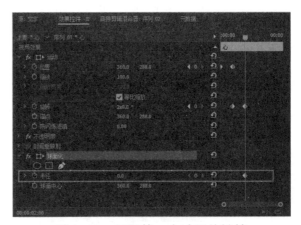

图4-18　添加"球面化"效果　　　　图4-19　记录第一个动画关键帧

图4-20　记录第二个动画关键帧

图4-21　记录第五个动画关键帧

【步骤8】按 Space 键预览效果，保存项目文件并输出同名影片。《感恩的心》制作完成，最终效果如图 4-22 所示。

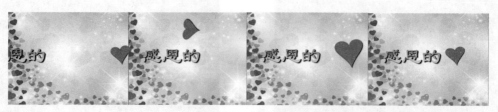

图4-22　最终效果

3 技能提升

3.1　创建路径文字

案例素材提供

　　Premiere Pro CC 视频编辑 / 模块 4/ 长歌行 / 素材。

　　利用字幕工具栏中的平行或垂直路径工具可以创建路径文字效果，具体操作方法如下。

　　（1）在字幕工具栏中单击"路径文字工具"按钮或"垂直路径文字工具"按钮。

　　（2）在编辑窗口中，鼠标指针变为钢笔形状，在需要输入的位置单击，移动鼠标指针在另一个位置再次单击并按住左键不放，拖曳鼠标调整曲线弧度，即出现文本路径。

　　（3）直接输入所需要的文字即可，最终效果如图 4-23 和图 4-24 所示。

图4-23　路径文字的最终效果（1）

图4-24　路径文字的最终效果（2）

3.2　创建段落字幕文字

案例素材提供

　　Premiere Pro CC 视频编辑 / 模块 4/ 长歌行 / 素材。

　　利用文字工具栏中的文本框工具或垂直文本框工具可以创建段落文本，具体操作方法如下。

（1）在字幕工具栏中单击"区域文字工具"按钮█或"垂直区域文字工具"按钮█。

（2）在编辑窗口中单击鼠标并按住左键不放，从左上角向右下角拖曳出一个矩形框，然后输入所需要的文字即可，最终效果如图4-25和图4-26所示。

图4-25　段落字幕文字的最终效果（1）

图4-26　段落字幕文字的最终效果（2）

任务2　运动字幕制作——《杂志宣传片》

1 实训案例

案例学习目标

编辑字幕属性；绘图工具的运用。

《杂志宣传片》
操作视频

案例知识要点

制作不规则形状背景；制作背景动画效果；制作文字动画效果；插入音频素材。

案例素材提供

Premiere Pro CC 视频编辑 / 模块 4/ 时尚家居 / 素材。

案例操作步骤

【步骤1】①启动 Premiere Pro CC 软件，新建项目，名称为"时尚家居"。②按 Ctrl+N 组合键，新建序列（DV-PAL 标准 48kHz）。

【步骤2】双击"项目"面板的空白处，导入"Premiere Pro CC 视频编辑 / 模块 4/ 时尚家居 / 素材 /01.jpg~05.jpg 和 music.mp3"文件。

【步骤3】①按 Ctrl+T 组合键，弹出"新建字幕"对话框，在"名称"文本框中输入"背景"，单击"确定"按钮。进入字幕编辑窗口。②单击字幕工具栏中的"钢笔工具"按钮█，在字幕工作区编辑窗口中绘制一个不规则的封闭四边形，最终效果如图 4-27 所示。③在"字幕属性"面板的"图形类型"下拉列表中选择"填充贝塞尔曲线"选项，如图 4-28 所示。④在"填充"栏中选中"纹理"复选框，在下拉列表的"纹理"方格内双击，如图 4-29 所示。弹出"选择纹理图像"对话框，选择"Premiere Pro CC 视频编辑 / 模块 4/ 时尚家居 /

素材 /01.jpg"文件，单击"打开"按钮导入图片文件，如图 4-30 所示。⑤在"描边"栏中的"外描边"后单击"添加"链接，"颜色"选择白色，如图 4-31 所示。最终效果如图 4-32 所示。⑥单击右上角"关闭"按钮关闭字幕编辑面板并自动保存。

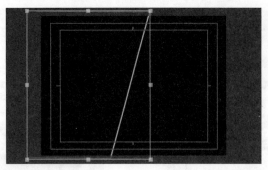

图4-27　绘制四边形

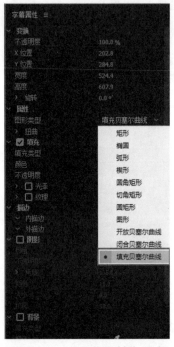

图4-28　"字幕属性"面板

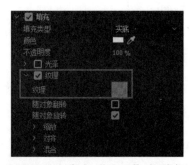

图4-29　选中"纹理"复选框

图4-30　导入图片文件

图4-31　设置"描边"参数

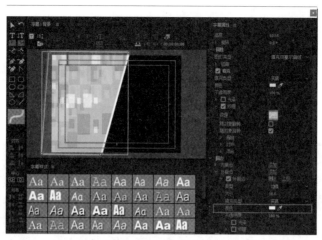

图4-32　最终效果

知识拓展

1. 在绘制封闭图形的过程中"钢笔工具"起点和终点出现 ![icon] 时，表示已经重合为封闭图形。

2. 用"钢笔工具"绘制图形时，绘制在字幕工作区以外的图形不会被显示，所以绘制时只需要关注字幕工作区内的图形形状即可。

【步骤4】①在"项目"面板中单击"背景"字幕文件将其拖曳到"时间线"面板中的"V2"轨道中，把时间调整为8秒，如图4-33所示。②在"项目"面板中分别把图片素材"02.jpg~05.jpg"拖曳到"时间线"面板中的"V1"轨道中，依次修改每个素材的显示时间为2秒，如图4-34所示。③分别调整图片的大小，放置在适当区域，如图4-35所示。④选择"效果"面板，展开"视频过渡"选项，单击"擦除"前面的三角按钮，分别为图片素材"02.jpg"与"03.jpg"之间添加"油漆飞溅"效果；为图片素材"03.jpg"与"04.jpg"之间添加"百叶窗"效果；为图片素材"04.jpg"与"05.jpg"之间添加"棋盘"效果，如图4-36所示。

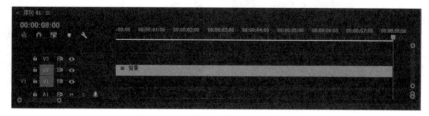

图4-33　添加"背景"字幕

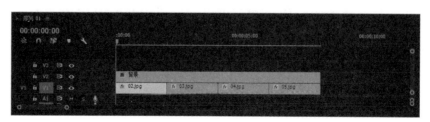

图4-34　修改素材的显示时间

图4-35 调整图片大小及位置

图4-36 添加效果

【步骤5】①按Ctrl+T组合键，弹出"新建字幕"对话框，在"名称"文本框中输入"精致"，单击"确定"按钮，进入字幕编辑窗口。②单击字幕工具栏中的"垂直文字工具"按钮，在字幕工作区编辑窗口中输入文字"精致"。③在"字幕属性"面板中设置"字体系列"为"黑体"，"字体大小"为"160.0"，"字偶间距"为"60.0"，并调整文字的位置，如图4-37所示。④在"字幕属性"面板中"填充"下设置"颜色"为白色，在"描边"单击"外描边"后的"添加"链接，设置"颜色"为淡黄色，也可输入RGB值"#f9ff55"，选中"阴影"复选框，如图4-38所示。⑤单击右上角的"关闭"按钮关闭字幕编辑窗口并自动保存。

图4-37 设置字体格式

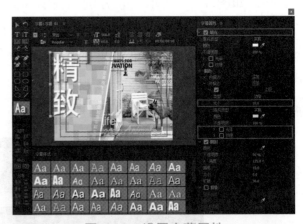

图4-38 设置字幕属性

【步骤6】①在"项目"面板中双击"精致"字幕文件打开字幕，单击字幕工作区属性栏中的"基于当前字幕新建字幕"按钮，弹出"新建字幕"对话框，在"名称"文本框中输入"实用"，单击"确定"按钮。单击字幕工具栏中的"垂直文本工具"按钮将字幕工作区编辑窗口中的文字"精致"改为"实用"，在"字幕属性"面板中设置"字偶间距"为"60.0"，最终效果如图4-39所示。②单击右上角的"关闭"按钮关闭字幕编辑窗口并自动保存。

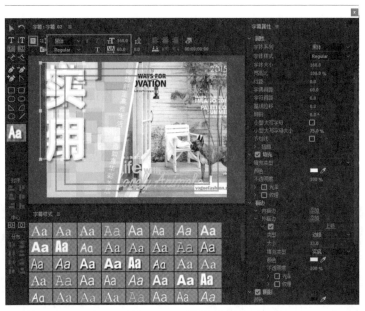

图4-39　最终效果

【步骤7】①在"项目"面板中单击"精致"字幕文件将其拖曳到"时间线"面板中的"V3"轨道中，把时间调整为4秒，如图4-40所示。②选中"精致"字幕，打开"效果控件"面板，将时间指示器移动到00：00的位置，展开"运动"选项，单击"位置"前面的码表■，将"位置"设置为"360.0"和"288.0"，单击"不透明度"后面的"添加/删除关键帧"按钮■，将"不透明度"设置为"100.0%"，记录第一组动画关键帧，如图4-41所示。将时间指示器移动到04：00的位置，将"位置"设置为"360.0"和"-150.0"，将"不透明度"设置为"0.0%"，记录第二组动画关键帧，如图4-42所示。

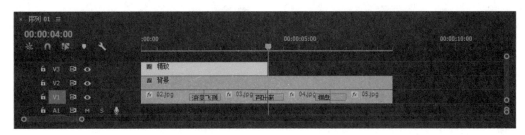

图4-40　添加"精致"字幕文件

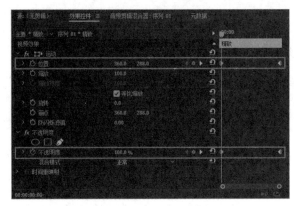

图4-41　记录第一组动画关键帧

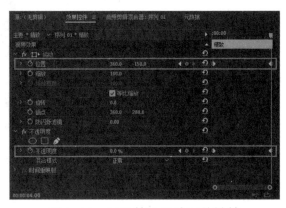

图4-42　记录第二组动画关键帧

【步骤8】①在"项目"面板中单击"实用"字幕文件将其拖曳到"时间线"面板中的"V3"轨道，放置在"精致"字幕后，把时间总长调整为8秒，如图4-43所示。②选中"实用"字幕，打开"效果控件"面板，将时间指示器移动到04：00的位置，展开"运动"选项，单击"位置"前面的码表 ，将"位置"设置为"360.0"和"-150.0"，将"不透明度"设置为"0.0%"，记录第一组动画关键帧，如图4-44所示。③将时间指示器移动到04：00的位置，将"位置"设置为"360.0"和"288.0"，将"不透明度"设置为"100.0%"，记录第二组动画关键帧，如图4-45所示。

图4-43　添加"实用"字幕文件

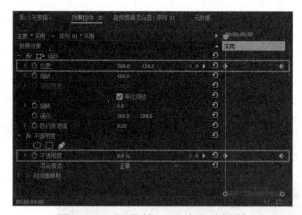

图4-44　记录第一组动画关键帧

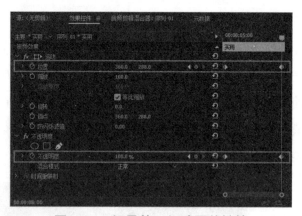

图4-45　记录第二组动画关键帧

【步骤9】①按Ctrl+T组合键，弹出"新建字幕"对话框，在"名称"文本框中输入"畅想"，单击"确定"按钮，进入字幕编辑窗口。②单击字幕工具栏中的"垂直路径文字工具"按钮，在字幕工作区编辑窗口中以"背景"字幕斜角边为基准，绘制一条倾斜路径，输入文字"畅想舒适高雅生活 缔造如意华彩美居"。③在"字幕属性"面板中设置"字体系列"为"黑体"，"字体大小"为"24.0"，"字偶间距"为"10.0"，并调整文字的位置。在"填充"下设置"颜色"为白色，选中"阴影"复选框，如图4-46所示。④单击右上角的"关闭"按钮 关闭字

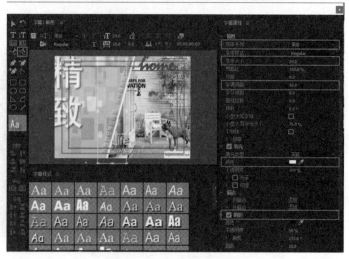

图4-46　设置字幕属性

98

幕编辑窗口并自动保存。

【步骤 10】①在"项目"面板中双击"畅想"字幕文件打开字幕，单击字幕工作区属性

栏中的"基于当前字幕新建字幕"按钮，弹出"新建字幕"对话框，在"名称"文本框中输入"全心全意"，单击"确定"按钮。②单击字幕工具栏中的"垂直文本工具"按钮将字幕工作区编辑窗口中的文字"畅想舒适高雅生活　缔造如意华彩美居"改为"全心全意的温情　独树一帜的风采"，在"字幕属性"面板中设置"字偶间距"为"10.0"，最终效果如图 4-47 所示。③单击右上角的"关闭"按钮关闭字幕编辑窗口并自动保存。

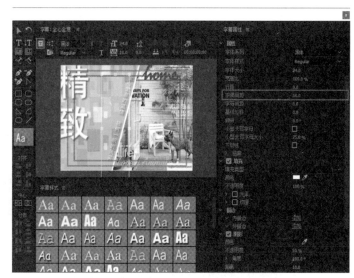

图4-47　最终效果

【步骤 11】①在"项目"面板中单击"畅想"字幕文件将其拖曳到"时间线"面板中的"V4"轨道上，把时间调整为 4 秒。②在"项目"面板中单击"全心全意"字幕文件将其拖曳到"时间线"面板中的"V4"轨道上的"畅想"字幕后，把时间总长调整为 8 秒，如图 4-48 所示。③在"效果"面板中展开"视频过渡"选项，单击"溶解"前面的三角按钮，为字幕素材"畅想"与"全心全意"之间添加"叠加溶解"效果，如图 4-49 所示。

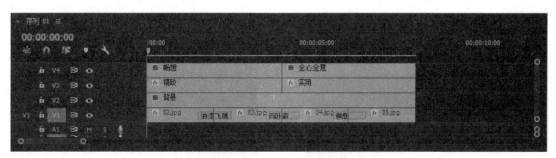

图4-48　添加字幕文件

图4-49　添加效果

【步骤 12】①在"项目"面板中单击"music.mp3"音频文件将其拖曳到"时间线"面板中的"A1"轨道上，把时间调整为 8 秒，如图 4-50 所示。②选中"music.mp3"音频文件，打开"效果控件"面板，展开"音量"选项，将时间指示器移动到 00：00 的位置，单击"级别"前面的码表 ⏱，将"级别"设置为"-20.0dB"，创建关键帧，如图 4-51 所示。将时间指示器移动到 01：00 的位置，将"级别"设置为"0.0dB"，创建关键帧，如图 4-52 所示。将时间指示器移动到 07：00 的位置，将"级别"设置为"0.0dB"，创建关键帧，如图 4-53 所示。将时间指示器移动到 08：00 的位置，将"级别"设置为"-20.0dB"，创建关键帧，如图 4-54 所示。《时尚家居》制作完成，导出即可。最终效果如图 4-55 所示。

图4-50　添加音频文件

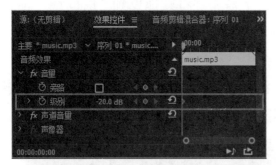

图4-51　创建关键帧（1）

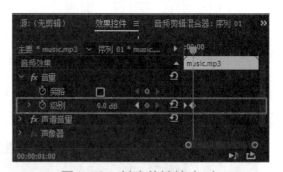

图4-52　创建关键帧（2）

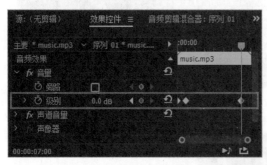

图4-53　创建关键帧（3）

图4-54　创建关键帧（4）

图4-55　最终效果

如何快速准确地调整素材的时间？

可以在"时间线"面板中通过单击右上角的"时间码" `00:00:00:00` ，输入所需要的时间，时间指示器就会跳转到相应帧，这时借助吸附功能，便可以轻松地把素材调整到时间指示器所在位置。

2 技能提升

2.1　制作辉光字幕

案例素材提供

Premiere Pro CC 视频编辑 / 模块 4/ 超越自我 / 素材。

本案例将通过"填充"栏中的"光泽"复选框，制作字幕的辉光效果，具体操作方法如下。

（1）在字幕工具栏中单击"文字工具"按钮 **T**，字幕工作区编辑窗口中输入"超越自我"。在"字幕属性"面板中设置"字体系列"为"华文行楷"，"字体大小"为"120.0"，并调整文字的位置。在"填充"下设置"颜色"为"#3B0000"，设置"光泽"下的"颜色"为"#FF0000"，"大小"为"75.0"，如图 4-56 所示。添加内描边"类型"为"深度"，添加外描边"填充类型"为"线性渐变"，设置颜色分别为"#FFF66B"和"#913000"，设置"光泽"下的"颜色"为"#FFF771"，"大小"为"100.0"。选中"阴影"复选框，"不透明度"为"85%"，"角度"为"0.0°"，"距离"为"8.0"，"大小"为"20.0"，"扩展"为"20.0"，如图 4-57 所示。单击右上角的"关闭"按钮关闭字幕编辑窗口并自动保存。

图4-56　"字幕属性"面板

图4-57　设置各参数

（2）从"项目"面板中把字幕素材"超越自我"拖曳到"V3"轨道上，如图4-58所示。在"节目"面板中，单击"导出帧"按钮，选择"格式"为"JPEG"，并导出单张图片，《超越自我》制作完成，如图4-59所示。

图4-58　添加字幕素材

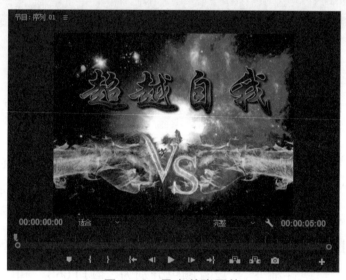

图4-59　导出单张图片

知识拓展

1.制作视频时，为了丰富视频内容，可以插入一些图片素材作为点缀，如一些透明背景的图片，常用的透明背景图片格式有★.tif、★.gif、★.png。

2.选择字体系列时，可以在网络上下载需要的、更美观的字体为视频增色。方法有：①网络上搜索"字体下载"，下载所需字体；②选择"Windows"→"Font"选项，将下载的字体复制到"Font"文件夹内；③重启软件，完成安装即可使用。

2.2　制作垂直滚动字幕

案例素材提供

Premiere Pro CC 视频编辑/模块4/校园情景剧片尾/素材。

制作垂直滚动字幕的具体操作方法如下。

（1）按 Ctrl+T 组合键新建"字幕01"，选择"矩形工具"绘制矩形，在字幕动作栏中单击"水平居中"按钮。选中矩形，"字幕属性"面板中的"变换"下设置"不透明度"为

50%，关闭并自动保存字幕，如图 4-60 所示。

（2）按 Ctrl+T 组合键新建"字幕 02"，使用"文字工具" **T** 在字幕工作区中单击并拖曳出一个文字输入的范围框，然后输入所需文字并设置文字属性。在字幕动作栏中单击"水平居中"按钮，进行位置调整，关闭并自动保存字幕，如图 4-61 所示。

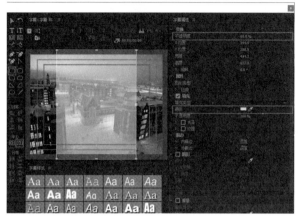

图4-60 调整字幕属性

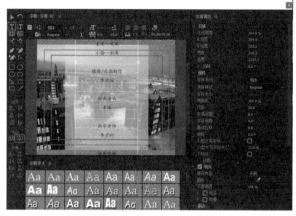

图4-61 使用"文字工具"创建文本框

（3）单击"滚动 / 游动选项"按钮 **⠿**，在弹出的"滚动 / 游动选项"对话框中，"字幕类型"栏中选中"滚动"单选按钮，在"定时（帧）"栏中选中"开始于屏幕外"和"结束于屏幕外"复选框。单击"确定"按钮，如图 4-62 所示，关闭并自动保存字幕。《校园情景剧片尾》制作完成，最终效果如图 4-63 所示。

图4-62 "滚动/游动选项"对话框

图4-63 最终效果

知识拓展

制作水平滚动字幕的方法同垂直滚动字幕方法大致相同，需要注意的是，在"滚动 / 游动选项"对话框中通过"向左游动"和"向右游动"选项设置滚动的方向。

任务3 排列、对齐工具的灵活运用——《宠物鉴赏短片》

1 实训案例

案例学习目标

排列、对齐工具的运用。

案例知识要点

胶片效果的制作；制作照片动画效果；文字的制作；插入音频素材。

案例素材提供

Premiere Pro CC 视频编辑 / 模块 4/ 宠物鉴赏短片 / 素材。

《宠物鉴赏短片》
操作视频

案例操作步骤

【步骤1】①启动 Premiere Pro CC 软件，新建项目，名称为"宠物鉴赏短片"。②按 Ctrl+N 组合键，新建序列（DV-PAL 标准 48kHz）。

【步骤2】双击"项目"面板素材区空白处，导入"Premiere Pro CC 视频编辑 / 模块 4/ 宠物鉴赏短片 / 素材 /01.jpg~09.jpg、music. mp3 和背景 .avi"素材文件。

【步骤3】①按 Ctrl+T 组合键，弹出"新建字幕"对话框，在"名称"文本框中输入"胶片"，单击"确定"按钮，进入字幕编辑窗口。②单击字幕工具栏中的"矩形工具"按钮，在字幕工作区编辑窗口中绘制一个矩形并移动到适合的位置，在"字幕属性"面板中设置"填充"颜色为"#223500"，如图 4-64 所示。

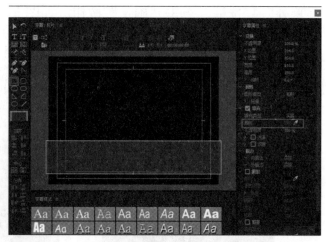

图4-64 设置"填充"颜色

知识拓展

使用绘图工具绘制形状时，如果需要全屏绘图效果，可以把图形画出编辑窗口，被画出的部分在应用过程中是不会被显示的。适当画出编辑窗口也有助于把握全屏绘制的准确性，不易留黑边。

【步骤4】①单击字幕工具栏中的"矩形工具"按钮█，在字幕工作区编辑窗口中绘制一个小矩形，在"字幕属性"面板中设置"填充"颜色为"白色"。②按 Ctrl+C 组合键复制，按 Ctrl+V 组合键粘贴多次，复制出多个小矩形，如图 4-65 所示。③将任意两个小矩形调整到两头，如图 4-66 所示。④选中所有小矩形，分别单击字幕工具栏中的"垂直靠上"和

"水平居中"按钮，所选的小矩形就完成规则排列，如图 4-67 所示。⑤选择排列完成的小矩形，向下移动到大矩形上方适当位置，并复制一组向下移动到大矩形下方适当位置，使其形成胶片效果，如图 4-68 所示。

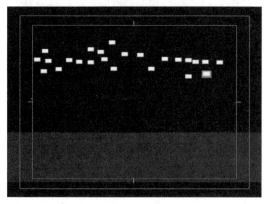

图4-65　复制与粘贴小矩形

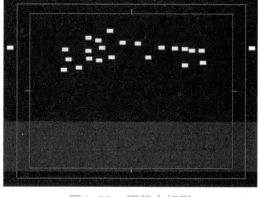

图4-66　调整小矩形

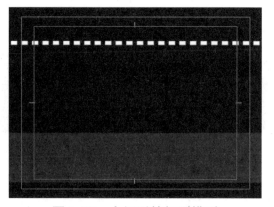

图4-67　小矩形的规则排列

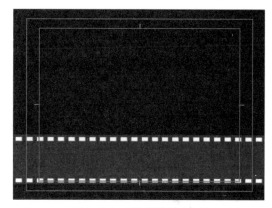

图4-68　形成胶片效果

【步骤 5】①在字幕工作区编辑窗口空白处右击，在弹出的快捷菜单中选择"图形"→"插入图形"选项，选择"Premiere Pro CC 视频编辑 / 模块 4/ 宠物鉴赏短片 / 素材 /01.jpg"文件，将其导入到字幕工作区编辑窗口中，如图 4-69 所示。②将其在"字幕属性"面板中的"宽度"设置为"140.0"，"高度"设置为"90.0"，如图 4-70 所示。③继续导入 4 张照片，全部调整"宽度"为"140.0"，"高度"为"90.0"。④利用同【步骤 4】中"垂直靠上"和"水平居中"的方法把图片调整到胶片相应的位置，最终效果如图 4-71 所示。⑤单击右上角的"关闭"按钮×关闭字幕编辑窗口并自动保存。

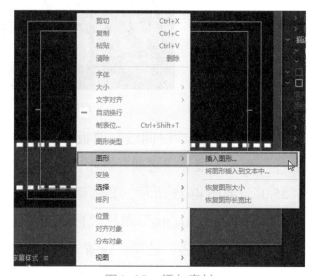

图4-69　添加素材

图4-70 设置"高度"和"宽度"

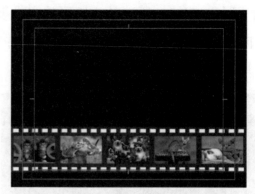

图4-71 最终效果

【步骤6】①在"项目"面板中单击"背景.avi"视频文件将其拖曳到"时间线"面板中的"V1"轨道中，弹出"剪辑不匹配警告"对话框，单击"保持现有设置"按钮，如图4-72所示。②利用工具栏中"比率拉伸工具" ![icon]把视频"背景.avi"播放时间拉伸为35：00秒，如图4-73所示。③选中时间线中的"背景.avi"素材，在"监视器"面板中对其双击，调整其大小平铺整个窗口。

图4-72 "剪辑不匹配警告"对话框

图4-73 使用"比率拉伸工具"

【步骤7】①在"项目"面板中单击"胶片"字幕将其拖曳到"时间线"面板中的"V2"轨道中，把鼠标指针移动到"胶片"结尾，鼠标指针变为![icon]形状时，将其播放时间拉伸为35：00秒。②在"项目"面板中按住Shift键，选中"01.jpg~09.jpg"图片素材，将其一起拖曳到"时间线"面板中的"V3"轨道中，如图4-74所示。

图4-74 添加图片素材

【步骤8】①在"时间线"面板中的"V3"轨道中选择"01.jpg"图片素材，打开"效果控件"面板，展开"运动"选项，将"位置"设置为"360.0"和"190.0"，"缩放"设置为"55.0"，如图4-75所示。②选择"效果"面板，展开"视频效果"，单击"透视"前面的三角按钮，为"01.jpg"图片素材添加"斜角边"效果和"投影"效果。在"效果控件"面板中展开"斜角边"选项，设置"边缘厚度"为"0.05"。展开"投影"选项，设置"不透明度"为"85%"，"距离"为"30.0"，"柔和度"为"40.0"，如图4-76所示。③将"02.jpg~07.jpg"图片素材分别设置与"01.jpg"图片素材相同的参数。"08.jpg、09.jpg"的位置和缩放不变，"斜角边"效果和"投影"效果与"01.jpg"图片素材相同，最终效果如图 4-77 所示。

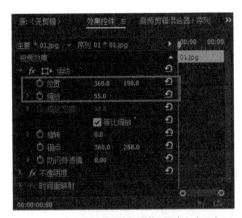

图4-75 "效果控件"面板（1）

图4-76 "效果控件"面板（2）

图4-77 最终效果

知识拓展

在视频制作中，如果时间线上多个素材都为同一视频效果，可以通过在"效果控件"面板中选中此特效，利用按 Ctrl+C 组合键复制，按 Ctrl+V 组合键粘贴的方法，为每个素材添加同样的效果，提高工作效率。

【步骤9】①打开"效果"面板，展开"视频效果"选项，单击"扭曲"前面的三角按钮，为"胶片"字幕添加"位移"效果。在"效果控件"面板展开"位移"选项，将时间指示器放在 00：00 的位置，单击"将中心移位至"前面的码表 ，将"将中心移位至"设置为

"360.0"和"288.0"，记录第一个动画关键帧，如图4-78所示。②将时间指示器放在35: 00的位置，将"将中心移位至"设置为"-2000.0"和"288.0"，记录第二个动画关键帧，如图4-79所示。③打开"效果"面板，展开"视频过渡"选项，单击"3D运动"前面的三角按钮，为图片素材"01.jpg"与"02.jpg"之间添加"立方体旋转"效果。单击"擦除"前面的三角按钮，为图片素材"02.jpg"与"03.jpg"之间添加"双侧平推门"效果；为图片素材"03.jpg"与"04.jpg"之间添加"风车"效果。单击"滑动"前面的三角按钮，为图片素材"04.jpg"与"05.jpg"之间添加"推"效果；为图片素材"05.jpg"与"06.jpg"之间添加"中间拆分"效果。单击"擦除"前面的三角按钮，为图片素材"06.jpg"与"07.jpg"之间添加"螺旋框"效果。单击"溶解"前面的三角按钮，为图片素材"07.jpg"与"08.jpg"之间添加"胶片溶解"效果。单击"缩放"前面的三角按钮，为图片素材"08.jpg"与"09.jpg"之间添加"交叉缩放"效果。添加过渡特效如图4-80所示。

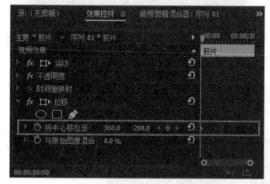

图4-78　记录第一个动画关键帧

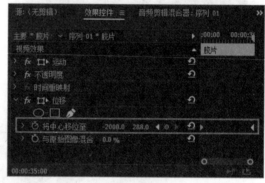

图4-79　记录第二个动画关键帧

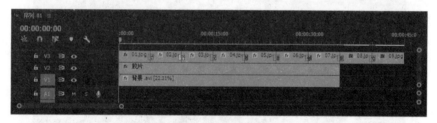

图4-80　添加过渡特效

【步骤10】①按Ctrl+T组合键，弹出"新建字幕"对话框，在"名称"文本框中输入"萌萌宠物"，单击"确定"按钮，进入字幕编辑窗口。②单击字幕工具栏中的"垂直文字工具"按钮IT，在字幕工作区编辑窗口中输入文字"萌萌宠物"。③在"字幕属性"面板中设置"字体系列"为"华文琥珀"，"字体大小"为"80.0"，"字偶间距"为"25.0"，并调整文字的位置。④在"字幕属性"面板中设置"填充"下的"填充类型"为"线性渐变"，"颜色"分别设置为"#FF00BA"和"#0600FF"，在"描边"下单击"内描边"后的"添加"链接，调整"颜色"为"#0600FF"，选中"阴影"复选框，如图4-81所示。⑤单击右上角的"关闭"按钮×关闭字幕编辑窗口并自动保存，最终效果如图4-82所示。

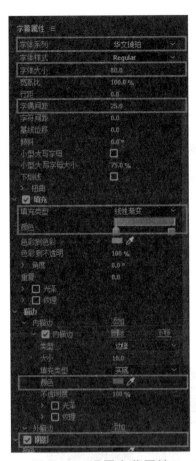

图4-81 设置字幕属性

图4-82 最终效果

【步骤11】①在"项目"面板中双击"萌萌宠物"字幕文件打开字幕,单击字幕工作区属性栏中的"基于当前字幕新建字幕"按钮,弹出"新建字幕"对话框,在"名称"文本框中输入"宠爱一生",单击"确定"按钮。②单击字幕工具栏中的"垂直文本工具"按钮T将字幕工作区编辑窗口中的文字"萌萌宠物"改为"宠爱一生",在"字幕属性"面板中设置"字偶间距"为"25.0",并调整文字的位置。③在"字幕属性"面板的"填充"栏中设置"填充类型"为"线性渐变","颜色"分别设置为"#F6FF00"和"#FF00BA",在"描边"栏中单击"内描边"后的"添加"链接,"颜色"设置为"#FF00BA",选中"阴影"复选框,如图4-83所示。④单击右上角的"关闭"按钮关闭字幕编辑窗口并自动保存,最终效果如图4-84所示。

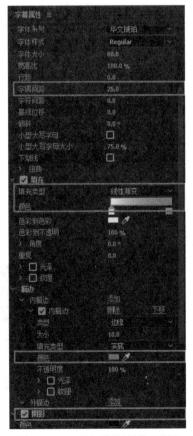

图4-83 "字幕属性"面板

图4-84　最终效果

【步骤12】①在"项目"面板中选中"萌萌宠物"字幕文件将其拖曳到"时间线"面板中的"V4"轨道中，放在35：00秒位置；选中"宠爱一生"字幕文件将其拖曳到"萌萌宠物"字幕文件后。②打开"效果控件"面板，展开"视频过渡"选项，单击"溶解"前面的三角按钮，为字幕素材"萌萌宠物"与"宠爱一生"之间添加"叠加溶解"效果，如图4-85所示。

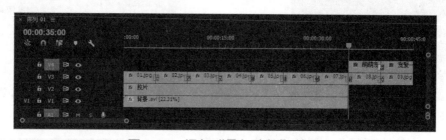

图4-85　添加"叠加溶解"效果

【步骤13】①在"项目"面板中选中"music.mp3"音频文件将其拖曳到"时间线"面板中的"A1"轨道中，把时间调整为45：00秒，如图4-86所示。②选中"music.mp3"音频文件，打开"效果控件"面板，展开"音量"选项，将时间指示器移动到00：00的位置，单击"级别"前面的码表 ，将"级别"设置为"-20.0dB"，创建关键帧，如图4-87所示。③将时间指示器移动到05：00的位置，将"级别"设置为"0.0dB"，创建关键帧，如图4-88所示。④将时间指示器移动到40：00的位置，将"级别"设置为"0.0dB"，创建关键帧，如图4-89所示。⑤将时间指示器移动到45：00的位置，将"级别"设置为"-20.0dB"，创建关键帧，如图4-90所示。《宠物鉴赏短片》制作完成，导出即可。最终效果如图4-91所示。

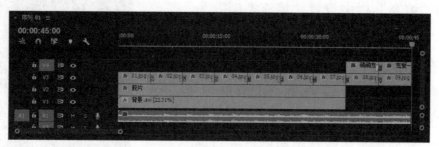

图4-86　添加音频文件

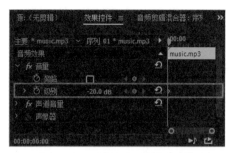

图4-87　创建关键帧（1）

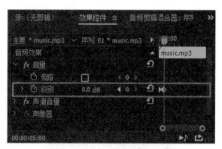

图4-88　创建关键帧（2）

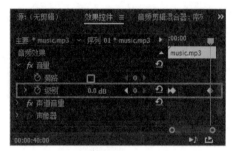

图4-89　创建关键帧（3）

图4-90　创建关键帧（4）

图4-91　最终效果

绘图工具的灵活运用

案例素材提供

Premiere Pro CC 视频编辑 / 模块 4/ 企业策划 / 素材。

使用绘图工具在字幕上添加一些图形，可以起到装饰效果。使用绘图工具绘制图形的具体操作方法如下。

（1）按 Ctrl+T 组合键新建"字幕 01"，选择"椭圆工具" ，在字幕工作区编辑窗口中按住 Shift 键，绘制正圆。在"字幕属性"面板中设置"填充"颜色为"灰色"。单击"水平居中"按钮，并摆放到适合位置。

（2）选择"矩形工具" ，在字幕工作区编辑窗口中绘制矩形长条。在"字幕属性"面板中的"填充"栏中设置"填充类型"为"四色渐变"，"颜色"全部设置为白色，设置左上和左下的"色彩到不透明"为"0%"，调整到适合位置，如图 4-92 所示。

（3）按 Ctrl+C 组合键复制一个相同的矩形长条，在"字幕属性"面板中的"填充"栏中设置"填充类型"为"四色渐变"，"颜色"全部设置为黑色，设置右上和右下的"色彩到不透明"为"0%"，调整到合适位置，最终效果如图 4-93 所示。

图4-92　设置字幕属性

图4-93　绘制矩形长条

（4）选择"矩形工具"，在字幕工作区编辑窗口中绘制大矩形，覆盖整个编辑窗口作为背景。在"字幕属性"面板中的"填充"栏中设置"填充类型"为"径向渐变"，"颜色"分别设置为"#84AAFF"和"#000E61"，调整到适合的位置，右击矩形，在弹出的快捷菜单中选择"排列"→"移到最后"命令，调整前后层位置，如图 4-94 所示。

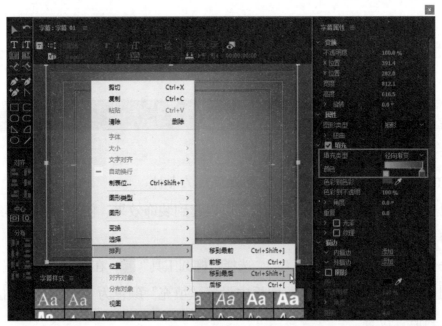

图4-94　绘制大矩形

（5）选择"矩形工具"，在字幕工作区编辑窗口中绘制圆角矩形。在"字幕属性"面板中的"填充"栏中设置"填充类型"为"四色渐变"，"颜色"全部设置为"#0008B4"，设置右上和右下的"色彩到不透明"为"30%"，调整到适合位置，如图 4-95 所示。

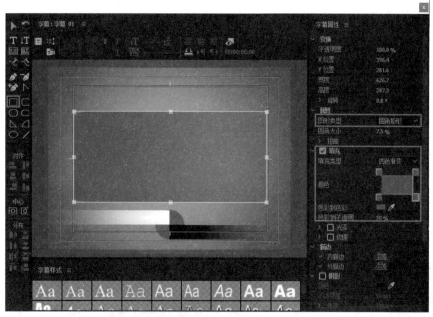

图4-95　绘制圆角矩形

（6）单击字幕工具栏中的"文字工具"按钮 **T**，在字幕工作区中分别输入文字"企业策划实施细则""前期引导""后期实施"。在"字幕样式"面板中，选择需要的样式。在"属性"栏中选择需要的字体、文字大小并调整文字的位置。单击右上角的"关闭"按钮关闭字幕编辑窗口并自动保存。最终效果如图 4-96 所示。

图4-96　最终效果

（7）从"项目"面板中，选中字幕素材"字幕 01"并拖曳到"V1"轨道上。在"节目"面板中单击"导出帧"按钮，选择"格式"为"JPEG"，导出单张图片，《企业策划》制作完成。

《MTV制作》

案例知识点提示

　　规划主题，构思设计思路；导入所需图片素材、音频素材、视频素材；制作片头；制作片尾；制作视频部分；添加音乐；制作 MTV 字幕，运用"视频效果→过渡→线性擦除"；导出 AVI 格式影片。

案例欣赏

　　制作《时间煮雨》MTV，最终效果如图 4-97 所示。

图4-97　最终效果

案例素材提供

　　Premiere Pro CC 视频编辑 / 模块 4/ 时间煮雨 / 素材。

模块 5

魔术世界——调色与抠像技术

知识目标

- 掌握调色特效的使用。
- 掌握抠像与叠加的方法。
- 熟悉蓝屏抠像技术。
- 熟悉蒙版的应用。

技能目标

- 能够灵活运用多种特效。
- 能够设置抠像特效参数。
- 能够完成蓝绿屏抠像。
- 能够设置蒙版与跟踪工作流。

素质目标

- 培养学生创新意识。
- 培养学生表达沟通能力。
- 增强学生法律意识。
- 培养学生独立思考和解决问题的能力。

任务1　黑白调色训练——《水墨画》

实训案例

案例学习目标

　　使用多个特效编辑素材之间的叠加效果。

案例知识要点

　　运用"黑白""查找边缘""色阶""高斯模糊"等特效制作水墨画效果。

案例素材提供

　　Premiere Pro CC 视频编辑 / 模块 5/ 水墨画 / 素材。

案例操作步骤

　　【步骤1】①启动 Premiere Pro CC 软件，在"新建项目"对话框的"名称"文本框中输入"水墨画"，如图 5-1 所示。②按 Ctrl+N 组合键，新建序列（DV-PAL 标准 48kHz），如图 5-2 所示。

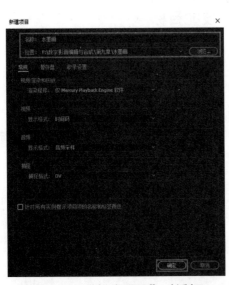

图5-1　"新建项目"对话框　　　　　　　　图5-2　"新建序列"对话框

　　【步骤2】①双击"项目"面板中素材区空白处，弹出"导入"对话框，按住 Ctrl 键，选择"Premiere Pro CC 视频编辑 / 模块 5/ 水墨画 / 素材 /01.jpg、02.tga"文件，单击"打开"按钮导入图片文件，如图 5-3 所示。②导入后的文件排列在"项目"面板中，如图 5-4 所示。③在"项目"面板中把素材"01. jpg"拖曳到"时间线"面板中的"V1"轨道中，如图 5-5 所示。

图5-3　导入图片文件

图5-4　"项目"面板

图5-5　添加素材

【步骤3】①打开"效果"面板，展开"视频效果"选项，单击"图像控制"文件夹前面的三角按钮将其展开，选中"黑白"特效，如图5-6所示。②将"黑白"特效拖曳到"时间线"面板中的"01.jpg"素材上，在"节目"面板中预览效果，最终效果如图5-7所示。

图5-6　选中"黑白"特效

图5-7　最终效果

【步骤4】①打开"效果"面板，展开"视频效果"选项，单击"风格化"文件夹前面的三角按钮将其展开，选中"查找边缘"特效，如图5-8所示。②将"查找边缘"特效拖曳到"时间线"面板中的"01.jpg"素材上，打开"效果控件"面板，把"与原始图像混合"设置为"40%"，如图5-9所示。最终效果如图5-10所示。

图5-8　选中"查找边缘"特效

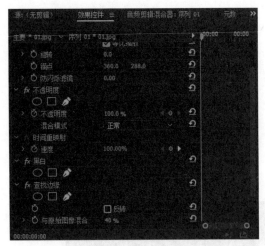

图5-9　"效果控件"面板

图5-10　最终效果

【步骤5】①打开"效果"面板，展开"视频效果"选项，单击"调整"文件夹前面的三角按钮将其展开，选中"色阶"特效，如图5-11所示。②将"色阶"特效拖曳到"时间线"面板中的"01.jpg"素材上，打开"效果控件"面板进行参数设置，如图5-12所示。最终效果如图5-13所示。

图5-11　选中"色阶"特效

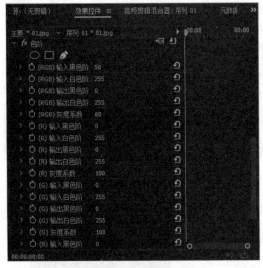

图5-12　参数设置

图5-13　最终效果

【步骤6】①打开"效果"面板，展开"视频效果"选项，单击"模糊与锐化"文件夹前面的三角按钮将其展开，选中"高斯模糊"特效，如图5-14所示。②将"高斯模糊"特效拖曳到"时间线"面板中的"01.jpg"素材上，打开"效果控件"面板，把"模糊度"设置为"4.0"，如图5-15所示。

图5-14　选中"高斯模糊"特效

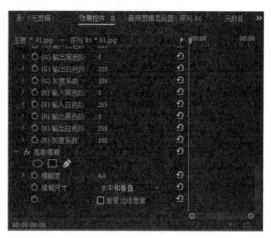

图5-15　设置"模糊度"

【步骤7】在"项目"面板中，选中素材"02.tga"并拖曳到"时间线"面板中的"V2"轨道中，如图 5-16 所示。在"节目"面板中双击素材，调整其大小和位置。最终效果如图5-17 所示。

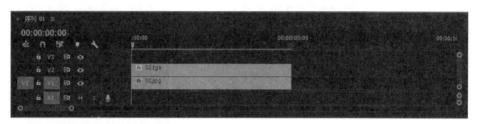

图5-16　添加素材

【步骤8】①打开"效果"面板，展开"视频过渡"选项，单击"擦除"文件夹前面的三角按钮将其展开，选中"划出"特效，如图 5-18 所示。②将"划出"特效拖曳到"时间线"面板中的"02.tga"素材开头位置，如图 5-19 所示。

图5-17　最终效果

图5-18　选中"划出"特效

图5-19 添加"划出"特效

【步骤9】①选中需输出的序列或节目，选择"文件"→"导出"→"媒体"选项，如图5-20所示。②弹出"导出设置"窗口，单击"输出名称"后面的链接文件，在弹出的对话框中输入文件名"水墨画"，单击"保存"按钮，如图5-21所示。返回到"导出设置"窗口，单击"导出"按钮，最终效果如图5-22所示，《水墨画》制作完成。

图5-20 选择"媒体"选项

图5-21 "导出设置"窗口

图5-22 最终效果

② 技能提升

2.1 调整特效运用

案例素材提供

Premiere Pro CC 视频编辑 / 模块 5/ 调整特效 / 素材。

如果需要调整素材的亮度、对比度、色彩及通道，修复素材的偏色或者曝光不足等缺陷，提高素材画面的颜色及亮度，制作特殊的色彩效果，最好的选择就是使用"调整"特效。该类特效是使用频繁的一类特效，共包含以下 7 种视频特效。

1. ProcAmp

"ProcAmp"特效可以用于调整素材的亮度、对比度、色相与饱和度，是一个较常用的视频特效，效果如图 5-23 所示。

2. 光照效果

"光照效果"特效可以最多为素材添加 5 个灯光照明，以模拟舞台追光灯的效果。用户在该效果对应的"效果控件"面板中可以设置灯光的类型、方向、强度、颜色和中心点的位置等，效果如图 5-24 所示。

图5-23　ProcAmp效果

图5-24　光照效果

3. 卷积内核

"卷积内核"特效根据运算改变素材中每个像素的颜色和亮度值，来改变图像的质感，效果如图 5-25 所示。

"M11~M33"：表示像素亮度增效的矩阵，其参数值可在 -30~30 之间调整。

"偏移"：用于调整素材的色彩明暗的偏移量。

图5-25　卷积内核效果

"缩放"：输入一个数值，在积分操作中包含的像素总和将除以该数值。

4. 提取

"提取"特效可以从视频片段中吸取颜色，然后通过设置灰度的范围控制影像的显示，效果如图 5-26 所示。

"输入黑色阶"：表示画面中黑色的提取情况。

"输入白色阶"：表示画面中白色的提取情况。

"柔和度"：用于调整画面的灰度，数值越大，灰度越高。

"反转"：选中此复选框，将对黑色像素范围和白色像素范围进行反转。

5. 色阶

"色阶"特效的作用是调整影片的亮度和对比度。单击右上角的"设置"按钮，弹出"色阶设置"对话框，左侧显示了当前画面的柱状图，水平方向代表亮度值，垂直方向代表对应亮度值的像素总数，效果如图 5-27 所示。

"通道"：在该下拉列表中可以选择需要调整的通道。

"输入色阶"：用于进行颜色的调整。拖曳下方的三角形滑块，可以改变颜色的对比度。

"输出色阶"：用于调整输出的级别。在该文本框中输入有效数值，可以对素材输出亮度进行修改。

"加载"：单击该按钮，可以载入以前所存储的效果。

"保存"：单击该按钮，可以保存当前的设置。

图5-26 提取效果

图5-27 色阶效果

6. 自动颜色、自动对比度和自动色阶

使用"自动颜色""自动对比度"和"自动色阶"3 个特效可以快速、全面地修整素材，可以调整素材的中间色调、暗调和高亮区的颜色。"自动颜色"特效主要用于调整素材的颜色；"自动对比度"特效主要用于调整所有颜色的亮度和对比度；"自动色阶"特效主要用于调整暗部和高亮区。效果如图 5-28 所示。

7. 阴影 / 高光

"阴影 / 高光"特效用于调整素材的阴影和高光区域，该特效不应用于整个图像的调暗或增加图像的亮度，但可以单独调整图像高光区域，并且是基于图像周围的像素进行调整，效果如图 5-29 所示。

图5-28　自动颜色、自动对比度和自动色阶效果

图5-29　阴影/高光效果

知识拓展

如果"调整"特效中不能找到上述特效，请到"obsolete"旧版本特效中查找。

2.2　图像控制特效

案例素材提供

Premiere Pro CC 视频编辑 / 模块 5/ 图像控制特效 / 素材。

图像控制特效的主要用途是对素材进行色彩的特效处理，广泛运用于视频编辑中，处理一些前期拍摄中遗留下的缺陷，或者使素材达到某种预想的效果。图像控制特效是一组重要的视频特效，包含了以下 5 种效果。

1. 灰度系数校正

"灰度系数校正"特效可以通过改变素材中间色调的亮度，实现在不改变素材整体亮度和阴影的情况下，使素材变得更明亮或更灰暗，效果如图 5-30 所示。

2. 颜色平衡

利用"颜色平衡（RGB）"特效，可以通过对素材的红色、绿色和蓝色进行调整，来达到改变图像色彩效果的目的，效果如图 5-31 所示。

3. 颜色替换

"颜色替换"特效可以指定某种颜色，然后使用一种新的颜色替换指定的颜色，效果如图 5-32 所示。

图5-30　灰度系数校正效果

图5-31　颜色平稳效果　　　　　　　　　　图5-32　颜色替换效果

4. 颜色过滤

"颜色过滤"特效可以将素材中指定颜色以外的其他颜色转化成灰度（黑、白），即保留指定的颜色，效果如图5-33所示。

5. 黑白

"黑白"特效用于将彩色影像直接转换成黑白灰度影像，效果如图5-34所示。

图5-33　颜色过滤效果　　　　　　　　　　图5-34　黑白效果

任务2　简单背景人物抠像——《背景替换术》

1. 实训案例

案例学习目标

给素材添加"裁剪"和"颜色键"视频效果。

案例知识要点

导入素材；时间线上安排素材；快速查找视频效果；给素材添加视频效果；更改视频效果参数。

《背景替换术》
操作视频

案例素材提供

Premiere Pro CC 视频编辑 / 模块 5/ 给人物照片换背景 / 素材。

案例操作步骤

【步骤 1】①启动 Premiere Pro CC 软件，新建项目和序列（DV-PAL 标准 48KHz），导入图片素材"01.jpg、02.jpg"到项目面板中。②在"项目"面板中选中"02.jpg"素材，拖动到"时间线"面板中的"V1"轨道上，在"效果控件"面板中调整比例为 20%，如图 5-35 所示。③在"项目"面板中选中素材"01.jpg"，拖动到"时间线"面板中的"V2"轨道上。

【步骤 2】①在"时间线"面板中选中素材"01.jpg"，打开"效果"面板，在"搜索"栏中输入"裁剪"，或者选择"视频效果"→"变换"→"裁剪"命令，选择"裁剪"效果，拖动到素材"01.jpg"上，如图 5-36 所示。打开"效果控件"面板，找到"裁剪"效果，打开属性，"左侧"设置为 20.0%，"右侧"设置为 25.0%，把左右两边多余的部分裁掉，如图 5-37 所示。素材"01.jpg"变为纯色背景，最终效果如图 5-38 所示。

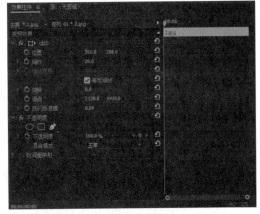

图5-35　"效果控件"面板

图5-36　选择"裁剪"效果

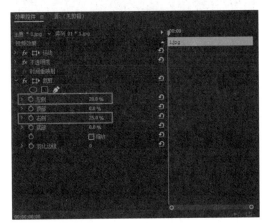

图5-37　"效果控件"面板

图5-38　最终效果

【步骤3】保持"时间线"面板中素材"01.jpg"选中状态，在"效果"面板中的"搜索"栏中单击"×"按钮清除信息，输入"颜色键"，或者选择"视频效果"→"键控"→"颜色键"命令，选择"颜色键"效果，拖动到素材"01.jpg"上，如图5-39所示。打开"效果控件"面板，找到"颜色键"效果，打开属性，使用"主要颜色"右侧的滴管工具单击节目窗口中素材"01.jpg"的白色背景，"颜色容差"设置为"29"，"边缘细化"设置为"1"，"羽化边缘"设置为"1.0"，如图5-40所示，最终效果如图5-41所示。

图5-39　选中"颜色键"效果

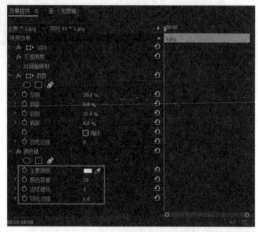

图5-40　"效果控件"面板

图5-41　最终效果

【步骤4】保持"时间线"面板中素材"01.jpg"选中状态，在"效果控件"面板中打开"运动"效果，调整位置为"360"和"356"，使人物的腿部边缘与素材"02.jpg"下部边缘对齐，人物的半身照换景完成。最终效果如图5-42所示。

【步骤5】在"节目"面板中预览效果，保存文件，输出影片。

图5-42　最终效果

技能提升

蓝绿屏抠像技术运用

　　电影后期制作中的抠像，也就是蓝屏和绿屏技术一直被运用在电影特效中，其原理就是利用蓝屏和绿屏的背景色和人物主体的颜色差异，首先让演员在蓝屏或者绿屏面前表演；然后利用抠像技术，将人物从纯色的背景中剥离下来；最后将他们和复杂情况下需要表现的场景结合在一起。

当今，蓝绿屏技术在影视制作中是不可或缺的，在主流的后期合成软件中都不同程度地进行了相应的体现。在 Premiere Pro CC 中，也提供了一些简单的抠像特效运用。很多动作片中的危险的镜头或者是想象丰富的电影都会用到抠像技术，如《加勒比海盗》中，为了实现更好的视觉效果，在电影中的镜头利用了电脑三维和蓝绿屏抠像的结合，使画面让人津津乐道、称赞不绝。

绿屏和蓝屏技术在拍摄的时候，演员的衣服和道具会被禁止使用和背景色接近的颜色，这样会使得抠像更加干净，减少误差。

目前的技术，任何均匀的颜色都可以用作合成的背景，而不仅仅是蓝绿色的屏幕。选择什么颜色做背景可依据实际情况而定。

任务3　抠像与叠加的运用——《影视拍摄抠像》

实训案例

案例学习目标

使用"颜色键"特效抠像；使用"非红色键"特效抠像。

案例知识要点

导入序列图文件；运用"颜色键"特效和"非红色键"特效抠像；设置关键字动画。

《影视拍摄抠像》
操作视频

案例素材提供

Premiere Pro CC 视频编辑 / 模块 5/ 开车的人 / 素材。

案例操作步骤

【步骤1】①启动 Premiere Pro CC 软件，弹出"开始"界面，单击"新建项目"按钮，弹出"新建项目"对话框，在"名称"文本框中输入项目名称"开车的人"，在"位置"下拉列表框中选择保存文件路径，单击"确定"按钮，完成项目的新建，如图5-43 所示。②按 Ctrl+N 组合键，弹出"新建序列"对话框，在左侧列表中选择"DV-PAL"选项，选中"标准 48kHz"选项，单击"确定"按钮，完成序列的新建。

【步骤2】①双击"项目"面板素材区空白处，

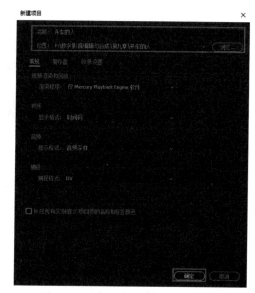

图5-43　"新建项目"对话框

弹出"导入"对话框，按住 Ctrl 键，选择"Premiere Pro CC 视频编辑 / 模块 5/ 开车的人 / 素材 /anim/anim1.0000.jpg"文件，选中"图像序列"复选框，单击"打开"按钮导入序列图影片文件，如图 5-44 所示。同样方法导入素材"green"序列图影片文件。②导入后的文件排列在"项目"面板中，如图 5-45 所示。③在"项目"面板中把素材"anim1.0000.jpg"拖曳到"时间线"面板中的"V2"轨道中，弹出"剪辑不匹配警告"对话框，单击"保持现有设置"按钮。把素材"green1.0000.jpg"拖曳到"时间线"面板中的"V1"轨道中，如图 5-46 所示。

图5-44 "导入"对话框

图5-45 "项目"面板

图5-46 添加素材

【步骤 3】利用工具栏中的"比率拉伸工具 "将鼠标放在时间线上的素材"anim1.0000.jpg"的尾端，把该视频素材拉伸到与素材"green1.0000.jpg"同样长度，如图 5-47 所示。

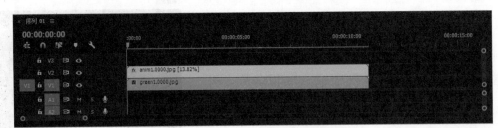

图5-47 使用"比率拉伸工具"

【步骤 4】①在"节目"面板中双击素材"anim1.0000.jpg"，调整其大小，填满整个节目面板。②打开"效果"面板，展开"视频效果"选项，单击"键控"文件夹前面的三角按钮将其展开，选中"非红色键"特效，如图 5-48 所示。将"非红色键"特效拖曳到"时间线"面板中的"anim1.0000.jpg"素材上，打开"效果控件"面板，把"非红色键"特效中的"去边"设置为"蓝色"，在"节目"面板中预览效果，最终效果如图 5-49 所示。

图5-48 选中"非红色键"特效

图5-49 最终效果

【步骤5】①在"时间线"面板中锁定"anim1.0000.jpg"视频素材，在"节目"面板中双击素材"green1.0000.jpg"，调整其大小和位置。②打开"效果"面板，展开"视频效果"选项，单击"键控"文件夹前面的三角按钮将其展开，选中"颜色键"特效。将"颜色键"特效拖曳到"时间线"面板中的"green1.0000.jpg"素材上，打开"效果控件"面板，把"颜色键"特效中的"主要颜色"设置为"green1.0000.jpg"中的"绿色"，"颜色容差"设置为"53"，"边缘细化"设置为"1"，"羽化边缘"设置为"0.4"，如图5-50所示。

图5-50 "效果控件"面板

【步骤6】①选择"文件"→"新建"→"颜色遮罩"选项，选择"白色"选项，如图5-51所示。②在"时间线"面板中右击"V1"旁空白处，在弹出的快捷菜单中选择"添加单个轨道"命令，如图5-52所示。在弹出的"添加轨道"对话框中选择"在第一条轨道之前"选项，如图5-53所示。把"颜色遮罩"拖曳到"时间线"面板中的"V1"轨道中，调整其长度与其他视频素材相同，如图5-54所示。在"节目"面板中预览效果，最终效果如图5-55所示。

图5-51 选择"颜色遮罩"
选项

图5-52 选择"添加单个轨道"
命令

图5-53 "添加轨道"
对话框

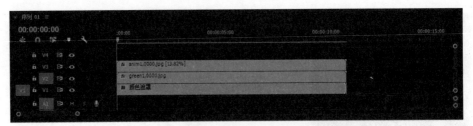

图5-54　添加"颜色遮罩"

【步骤7】①选中"时间线"面板中的"green1.0000.jpg"素材上，打开"效果控件"面板，在"运动"中为"位置""旋转"添加关键帧，使其人物与汽车上下颠簸相匹配，如图5-56所示。

图5-55　最终效果

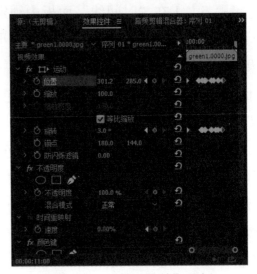

图5-56　　"效果控件"面板

【步骤8】①选中需输出的序列或节目，选择"文件"→"导出"→"媒体"选项。②弹出"导出设置"对话框，单击"输出名称"后面的链接，在弹出的对话框中输入文件名"开车的人"，单击"保存"按钮。返回到"导出设置"窗口，单击"导出"按钮，《开车的人》制作完成。

 **技能提升**

2.1　抠像方式的运用

Premiere Pro CC 中自带有几种键控特效，以下为几种抠像特效的使用方法。

1. Alpha 调整

"Alpha 调整"特效主要通过调整当前素材的 Alpha 通道信息（改变 Alpha 通道透明度），使当前素材与其下面的素材产生不同的叠加效果。如果当前素材不包含 Alpha 通道，则改变的将是整个素材的透明度。

2. 亮度键

运用"亮度键"特效，可以将被叠加图像的灰色值设置为透明，而且保持色度不变，该特效对明暗对比十分强烈的图像非常有用。

3. 图像遮罩键

运用"图像遮罩键"特效，可以将相邻轨道上的素材作为被叠加的底纹背景素材。相对于底纹而言，前面画面中的白色区域是不透明的，背景画面的相关部分不能显示出来，黑色区域是透明的区域，灰色区域为部分透明。如果想保持前面的色彩，那么作为底纹的图像，最好选用灰度图像。

4. 差值遮罩

"差值遮罩"特效可以叠加两个图像相互不同部分的纹理，保留对方的纹理颜色。

5. 移除遮罩

"移除遮罩"特效可以将原有的遮罩移除，如将画面中的白色区域或黑色区域进行移除。

6. 超级键

"超级键"特效通过指定某种颜色，可以在选项中调整容差值等参数，来显示素材的透明效果。

7. 轨道遮罩键

"轨道遮罩键"特效将遮罩层进行适当比例的缩小，并显示在原图层上。

8. 非红色键

"非红色键"特效可以叠加具有蓝色背景的素材，并使这类背景产生透明效果。

9. 颜色键

"颜色键"特效可以根据指定的颜色将素材中像素值相同的颜色设置为透明。

2.2　蒙版的运用

案例素材提供

Premiere Pro CC 视频编辑 / 模块 5/ 马赛克追踪 / 素材。

在 Premiere Pro CC 中，可直接使用 After Effects 功能强大的蒙版与跟踪工作流。蒙版能够在剪辑中定义要模糊、覆盖、高光显示、应用效果或校正颜色的特定区域。可以创建和修改不同形状的蒙版，如椭圆形或矩形，或者使用钢笔工具绘制自由形式的贝塞尔曲线形状。具体操作方法如下。

（1）将素材"Premiere Pro CC 视频编辑 / 模块 5/ 马赛克追踪 / 素材 / 01.avi"文件导入到"时间线"面板中的"V1"轨道中。

（2）为"时间线"面板中的素材"01.avi"添加"视频效果→风格化→马赛克"特效。

（3）打开"效果控件"面板，在"马赛克"特效下单击"创建椭圆形蒙版"按钮，并在"监视器"面板中调整椭圆形蒙版的大小及位置。更改"水平块"为"50"，"垂直块"为"50"。

（4）单击"蒙版路径"中的"向前跟踪所选蒙版"图标▶，跟踪完成，如图5-57所示。《马赛克追踪》视频制作完成，最终效果如图5-58所示。

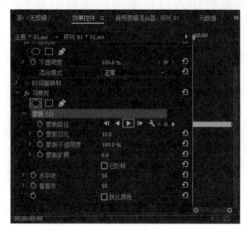

图5-57 "效果控件"面板

图5-58 最终效果

🎬 强化考核任务

电影特效制作——《回眸一笑》

《回眸一笑》
操作视频

案例知识点提示

新建时间序列；导入所需视频素材和图片素材；添加"视频效果→键控→颜色键"；调整"颜色键"参数；导出 AVI 格式影片。

案例欣赏

《回眸一笑》最终效果如图 5-59 所示。

图5-59 最终效果

案例素材提供

Premiere Pro CC 视频编辑 / 模块 5/ 回眸一笑 / 素材。

模块 6

绘声绘色——音频渲染与输出

知识目标

- 掌握音频的基本特性。
- 掌握音频声道划分。
- 熟悉声音三要素。
- 熟悉比特率概念。

技能目标

- 能够灵活运用音频特效。
- 能够设置素材音频过渡效果。
- 能够快速完成音频添加。
- 能够设置音轨混合器。

素质目标

- 提高学生音乐素养。
- 培养学生规划组织与实践能力。
- 培养学生解决问题的能力。
- 提高学生审美能力。

任务1 添加和编辑音频——《校园文化节》

 知识储备

音频基础知识

在 Premiere Pro CC 中进行音频编辑之前，需要对声音及描述声音的术语进行了解，这有助于为影片选定编辑更适合的声音，使作品更具感染力。

1. 音频的基本特性

人类能够听到的所有声音都可被称为音频，如大自然的声音、人类的说话声、噪声等。声音通过物体振动所产生，正在发声的物体被称为声源。由声源振动空气所产生的疏密波在进入人耳后，会通过振动耳膜产生刺激信号，由此产生听觉感受。

声源在发出声音时的振动速度称为声音频率，以 Hz 为单位进行测量，人发音器官声音频率范围为 80~3 400Hz，人耳感知音频频率范围为 20~20 000Hz。

2. 声音三要素

在生活中，我们敲击物品所用力度不同，发出的声响也不同，敲击不同的物品也会发出不同的声音。根据这些差异把声音归纳为响度、音调和音色 3 个要素。

响度：人耳对声音强弱的主观感觉称为响度。响度跟声源的振幅及人距离声源的远近有关。声音的响度采用声压或声强来计量，单位是帕斯卡（Pa），人们采用一种按对数式分级的办法作为表示声音大小的常用单位为声压级，单位为分贝（dB）。响度是听觉的基础，正常人听觉的强度范围为 0~140dB。

音调：音调也称为音高，人对声音刺激频率的主观判断与估量称为音调。音调由频率决定，频率越高音调越高，反之则低，单位用 Hz 表示。一般女生的声音比男生高，较大物体振动的音调比较低，较小物体振动的音调较高。

音色：音色也称为音品，是由声音波形的谐波频谱和包络决定的，音色的主观特性比响度或音调的主观特性复杂。

3. 比特率

比特率表示经过编码（压缩）后的音频数据每秒钟需要多少个比特来表示，单位为位/秒（bps）。比特率越高，传送数据速度越高。声音中的比特率是指将模拟声音信号转换成数字声音信号后，单位时间内的二进制数据量，是间接衡量音频品质的一个指标。高比特率生成更流畅的声波。

4. 音频声道

Premiere Pro CC 中包含 3 种音频声道：单声道、立体声和 5.1 声道。

单声道：音频素材只包含一个音轨。当通过两个扬声器回放单声道信息时，可以明显感觉到声音是从另一个音箱中间传递到观众耳朵里的。

立体声：包含左右两个声道，声音在录制中被分到两个独立的声道，由于左右两边的声音串音情况很少发生，因此声音的定位比较准确，再加上比较真实的音场效果，表现力比单声道好。

5.1 声道：指中央声道，前置左、右声道，后置左、右声道，以及 0.1 声道（重低音声道）。5.1 声道已广泛运用于传统影院和家庭影院中，在欣赏影片时有利于加强人声，把声音集中在整个扬声器中部，以增加整体效果。

 实训案例

《校园文化节》
操作视频

案例学习目标

　　分离和链接音视频。

案例知识要点

　　音频素材导入；音视频分离；音视频链接。

案例素材提供

　　Premiere Pro CC 视频编辑 / 模块 6/ 扇子舞 / 素材。

案例操作步骤

【步骤 1】①启动 Premiere Pro CC 软件，新建项目，名称为"扇子舞"。②按 Ctrl+N 组合键，新建序列（DV-PAL 标准 48kHz）。

【步骤 2】①双击"项目"面板空白处，导入"Premiere Pro CC 视频编辑 / 模块 6/ 扇子舞 / 素材 /01.avi 和 music.mp3"文件。②在"项目"面板中选中素材"01.avi"文件将其拖曳到"时间线"面板中的"V1"轨道中，如图 6-1 所示。

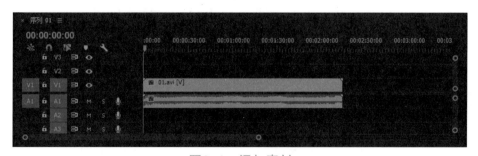

图6-1　添加素材

【步骤 3】①右击视频"01.avi"素材，在弹出的快捷菜单中选择"取消链接"命令，如图 6-2 所示，即可解除音视频链接。②选中音轨中的音频，将其删除，如图 6-3 所示。

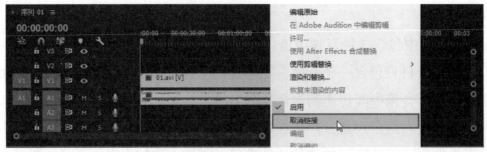

图6-2 选择"取消链接"命令

图6-3 删除音频

【步骤 4】①在"项目"面板中选中素材"music.mp3"添加到"时间线"面板中的 A1 轨道中。②在"时间线"面板中选择视频和音频素材并右击，在弹出的快捷菜单中选择"链接"命令，如图 6-4 所示，即可链接音频和视频素材。

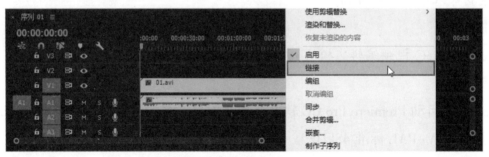

图6-4 选择"链接"命令

在"时间线"面板中先选择一个视频或音频素材，然后按住 Shift 键，单击其他素材即可同时选择多个素材，也可以用框选方式选择多个素材。

3 技能提升

3.1 添加和删除音频轨道

选择"序列"→"添加轨道"命令，可以在"添加轨道"对话框中设置添加音频轨道的数量。在"轨道类型"下拉列表框中可以选择添加的音频轨道类型，如图 6-5 所示。

选择"序列"→"删除轨道"命令，弹出"删除轨道"对话框，在"所有空轨道"下拉列表框中可以选择要删除的轨道，如图 6-6 所示。

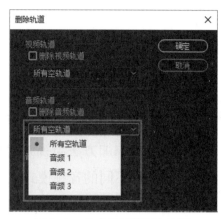

图6-5　添加音频轨道　　　　　　　　　　　图6-6　选择要删除的轨道

3.2　调整音频持续时间和速度

案例素材提供

Premiere Pro CC 视频编辑／模块 6/ 调整音频持续时间和速度／素材。

与视频素材的编辑一样，在应用音频素材时，可以对其播放速度和时间长度进行修改，具体步骤方法如下。

（1）选中音频素材，选择"剪辑速度／持续时间"命令，弹出"剪辑速度／持续时间"对话框，在"持续时间"数值对话框中对音频素材持续时间进行调整，如图6-7 所示。

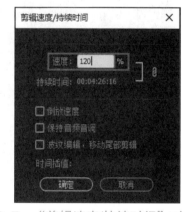

图6-7　"剪辑速度/持续时间"对话框

（2）把鼠标指针移动到"时间线"面板中的素材"music.mp3"的结尾，当鼠标指针变成形状时，单击并拖动适合长度位置，如图 6-8 所示。

图6-8　调整适合的长度

当改变"剪辑速度／持续时间"对话框中的速度数值时，音频的播放速度和持续时间都会发生变化，因此音频素材的节奏也改变了。

任务2 音频效果运用——《音频淡入淡出》

1 知识储备

1.1 素材添加效果

音频素材的效果添加方法与视频素材的添加方法相同，在"效果"面板中展开"音频效果"设置栏，分别在不同的音频模式文件夹选择音频效果设置，如图6-9所示。

Premiere Pro CC 为音频提供了简单的切换方式，在"音频过渡"设置栏下可以选择音频过渡效果，如图6-10所示。为音频素材添加切换方式的方法与视频素材的切换方式相同。

图6-9 "效果"面板

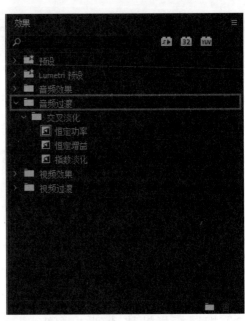

图6-10 选择音频过渡效果

1.2 常用音频效果

在音频效果文件夹中包含了多种音频效果，下面对常用的几种音频效果进行简单的介绍。

多功能延迟：一种多重延迟效果，可以对素材中的原始音频添加 4 次回声。

多频段压缩：一个可以分波段控制的三波段压缩器。当需要柔和的声音压缩时，可使用这个效果。

低通：用于删除高于指定频率界限的频率。

低音：用于增大或减小低频（200Hz 及更低）。此效果适用于 5.1 立体声或单声道剪辑。

平衡：允许控制左右声道的相对音量，正值增大右声道的音量，负值增大左声道的音量。

互换声道：可以交换左右声道信息的位置。

声道音量：可以用于独立控制立体声、5.1 剪辑或轨道中每条声道的音量。每条声道的音量级别以分贝衡量。

参数均衡器：可以增大或减小与指定中心频率接近的频率。

反转：用于将所有声道的状态进行反转。

室内混响：通过模拟室内音频播放的声音，为音频剪辑添加气氛和温馨感。此效果适用于 5.1 立体声或单声道剪辑。

延迟：可以添加音频素材的回声，用于在指定时间量之后播放。

消除嗡嗡声：可以从音频中消除不需要的 50Hz/60Hz 嗡嗡声。此效果适用于 5.1 立体声或单声道剪辑。

音量：可以提高音频电平而不被修剪，只有当信号超过硬件允许的动态范围时才会出现修剪，这时往往导致失真的音频。

高通：用于删除低于指定频率界限的频率。

高音：允许增大（4000Hz 及以上）或减小高频。

1.3　应用音轨混合器

在 Premiere Pro CC 中的音轨混合器是音频编辑中强大的工具之一，它大大加强了其处理音频的能力。

1. 认识音轨混合器面板

选择"窗口 / 音轨混合器"命令，可以打开"音轨混合器"面板，如图 6–11 所示。"音轨混合器"面板可以实时混合"时间线"面板中各个轨道的音频对象。"音轨混合器"面板为每一条音轨提供调节控制，每一条音轨也根据"时间线"面板中的相应音频轨道进行编号。

声音调节滑轮：调节播放对象的双声道音频，向左拖曳滑轮，输出到左声道（L），可以增加音量；向右拖曳滑轮，输出到右声道（R）控制音量。也可以单击该按钮下边的数值栏，输入数值控制左右声道，如图 6–12 所示。

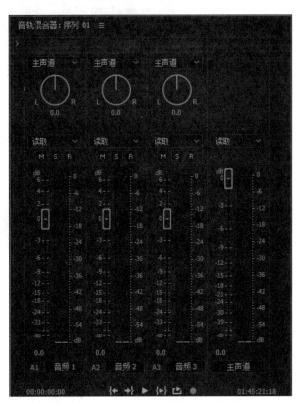

图6–11　"音轨混合器"面板

图6-12　声音调节滑轮

控制按钮：轨道音频控制器中的控制按钮可以设置音频调节时的调节状态，如图 6-13 所示。

图6-13　控制按钮

静音轨道 M ：该轨道音频设置为静音状态。

独奏轨道 S ：只播放该轨道片段。

启用轨道以进行录制 R ：可以利用输入设备录音到目标轨道上。

音量调节滑杆：可以控制当前轨道音频对象的音量，通过上下拖动来调节音量的大小，旁边的刻度用来显示音量值，也可以直接在数值栏中输入声音分贝数，如图 6-14 所示。

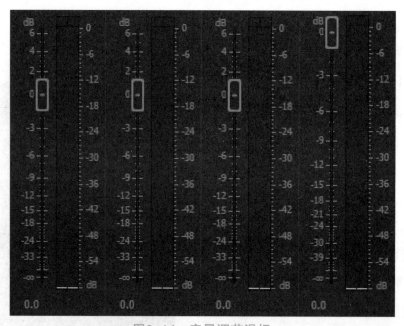

图6-14　音量调节滑杆

播放控制器：用于音频播放，使用方法和监视器窗口中的播放控制栏相同。播放控制器包括转到入点、转到出点、播放 / 停止切换、从入点到播放出点、循环和录制按钮，如图 6-15 所示。

图6-15　播放控制器

2. 设置音轨混合器面板

单击"音轨混合器"面板右上方按钮▤，在弹出的下拉列表中进行设置，如图 6–16 所示。

显示/隐藏轨道：对"音轨混合器"面板中的轨道进行隐藏或显示设置，弹出"显示/隐藏轨道"对话框中会显示左侧的图标的轨道，如图 6–17 所示。

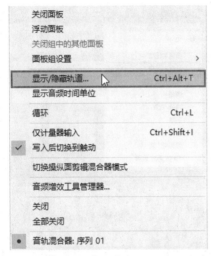

图6–16　下拉列表

图6–17　"显示/隐藏轨道"对话框

显示音频时间单位：在时间标尺上显示音频单位。

循环：系统循环播放音频。

3. 音轨混合器添加效果

案例素材提供

Premiere Pro CC 视频编辑 / 模块 6/ 音轨混合器添加效果 / 素材。

案例操作步骤

【步骤 1】①启动 Premiere Pro CC 软件，新建项目，名称为"添加效果"。②按 Ctrl+N 组合键，新建序列（DV–PAL 标准 48kHz）。

【步骤 2】①双击"项目"面板空白处，导入"Premiere Pro CC 视频编辑 / 模块 6/ 音轨混合器添加效果 / 素材 /music.mp3"文件。②在"项目"面板中选中"music.mp3"文件将其拖曳到"时间线"面板中的"A1"轨道中，调整素材的出点，如图 6–18 所示。

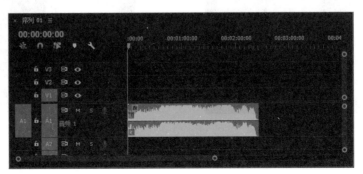

图6–18　添加素材

【步骤 3】选择"窗口"→"音轨混合器"命令，打开"音轨混合器"面板。在"音轨混合器"面板的左上角单击"显示 / 隐藏效果和发送"按钮■，展开后效果如图 6-19 所示。

【步骤 4】单击效果区域中"选择效果"下拉按钮，会显示一个音频效果列表，从效果列表中选择"多功能延迟"选项，如图 6-20 所示。在"音轨混合器"面板的效果区域会显示该效果，如图 6-21 所示。

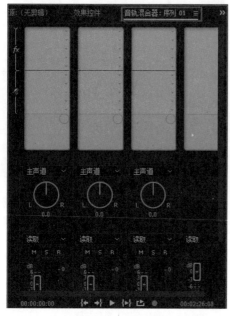

图6-19　展开区

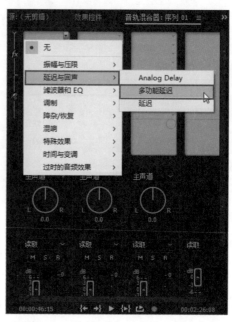

图6-20　选择"多功能延迟"选项

【步骤 5】如果要切换效果的另一个控件，可以单击空间名称下方的下拉按钮，并在弹出的下拉列表中选择一个控件，如图 6-22 所示。

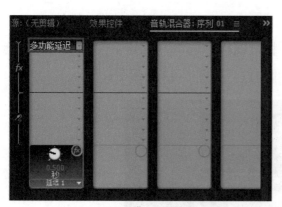

图6-21　　"音轨混合器"面板

图6-22　选择控件

【步骤 6】单击"音轨混合器"面板中的"播放 / 停止切换"按钮▶，试听声音效果。

知识拓展

关闭与移除效果：在"音轨混合器"面板中单击效果控件右侧的旁路图标，如果该图标出现一条斜线，此时可以关闭相应效果。再次单击旁路图标则可开启该效果。

想移除"音轨混合器"面板中的音频效果，可以单击该效果名称右侧的"效果选择"下拉按钮，然后在弹出的下拉列表中选择"无"选项即可。

2　实训案例

案例学习目标

制作音频实现淡入淡出效果。

案例知识要点

修剪音频素材长度；缩放显示音频素材；使用"效果控件"面板制作音频的淡入淡出。

案例素材提供

Premiere Pro CC 视频编辑 / 模块 6/ 制作淡入淡出效果 / 素材。

《音频淡入淡出》
操作视频

案例操作步骤

【步骤1】①启动 Premiere Pro CC 软件，新建项目，名称为"音频淡入淡出"。②按 Ctrl+N 组合键，新建序列（DV-PAL 标准 48kHz）。

【步骤2】①双击"项目"面板空白处，导入"Premiere Pro CC 视频编辑 / 模块 6/ 制作淡入淡出效果 / 素材 /01.avi 和 music.mp3"文件。②在"项目"面板中选中素材"01.avi"和"music.mp3"，分别添加到"时间线"面板中的"V1"和"A1"轨道中，如图 6-23 所示。

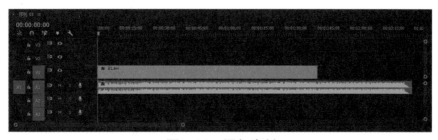

图6-23　添加素材

【步骤3】将鼠标指针分别移动到视频和音频轨道中，向上滚动鼠标滑轮，展开视频、音频素材以便剪辑，如图 6-24 所示。

图6-24　展开音频和视频素材

【步骤4】把鼠标指针移动到"时间线"面板中的素材"music.mp3"的结尾，当鼠标指针变成▥形状时，单击并拖动到与视频相匹配的长度位置，如图6-25所示。

图6-25　调整素材长度

【步骤5】①选中"A1"轨道，将时间指示器移动到00：00的位置，打开"效果控件"面板，展开"音量"选项，单击"级别"前面的码表▢，将"级别"设置为"-25.0dB"，如图6-26所示，记录第一个动画关键帧。②将时间指示器移动到05：00的位置，将"级别"设置为"0.0dB"，如图6-27所示，记录第二个动画关键帧，制作声音淡入效果。

图6-26　记录第一个动画关键帧

图6-27　记录第二个动画关键帧

【步骤6】①将时间指示器移动到05：00的位置，将"级别"设置为"0.0dB"，如图6-28所示，记录第三个动画关键帧。②将时间指示器移动到01：40：11的位置，将"级别"设置为"-29.0dB"，如图6-29所示，记录第四个动画关键帧，制作声音淡出效果。音频剪辑制作完成，单击节目监视器下方的"播放/停止"按钮▶，试听效果。

图6-28　记录第三个动画关键帧

图6-29　记录第四个动画关键帧

144

3.1 使用淡化器调节音频

案例素材提供

Premiere Pro CC 视频编辑 / 模块 6/ 使用淡化器调节音频 / 素材。

使用淡化器调节音频的具体操作方法如下。

（1）在默认情况下，"音轨轨道"面板是折叠状态，双击"独奏轨道"按钮 ⑤ 右侧的空白处，可展开轨道。

（2）选择"钢笔工具" 或者"选择工具" ，并使用该工具拖曳音频素材上的白线即可调节音量，如图 6-30 所示。

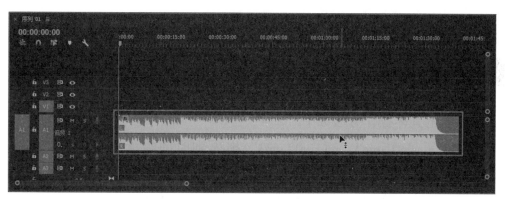

图6-30 调节音量

（3）按住 Ctrl 键，同时将鼠标指针移动到音频淡化器上，鼠标指针将变为有加号的箭头，如图 6-31 所示。

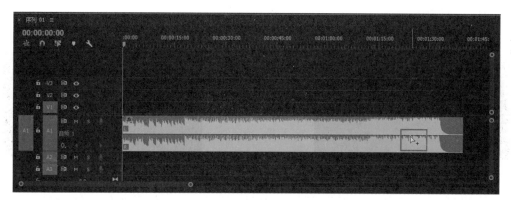

图6-31 鼠标指针的变化

（4）单击并按住左键上下拖曳添加关键帧，两个关键帧之间的直线呈递增状态，表示淡入，两个关键帧之间的直线呈递减状态，则为淡出，如图 6-32 所示。

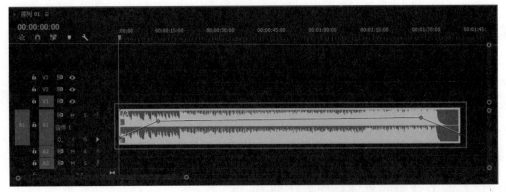

图6-32 添加关键帧

3.2 音频增益

案例素材提供

Premiere Pro CC 视频编辑 / 模块 6/ 音频增益 / 素材。

音频增益是指音频信号的声调高低。当一个视频片段同时拥有几个音频素材时，就需要平衡这几个素材的增益。如果有一个素材的音频信号太高或太低，就会影响播放时的音频效果。

调整音频增益的具体操作方法如下。

（1）把素材"music01.mp3、music02.mp3"拖入到时间线面板中反复试听，音频素材"music02.mp3"音量明显较小。

（2）选定要调整的音频素材"music02.mp3"，然后选择"剪辑"→"音频选项"命令，打开"音频增益"对话框，如图 6-33 所示。

（3）选中"调整增益值"单选按钮，并在其后的数值框中输入新的数字，修改音频的增益值，如图 6-34 所示。

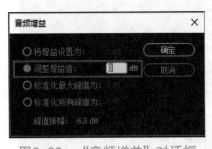

图6-33 "音频增益"对话框

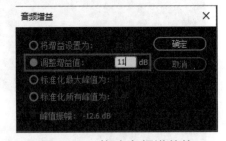

图6-34 修改音频增益值

（4）完成设置后，可通过"源"面板查看处理后的音频波形变化，播放修改后的音频素材，试听音频效果。

知识拓展

在音频播放的时候，通过"时间线"面板右侧的"音频查看器"查看，正常的音频播放量为 −6dB，如果音量超过音频查看器中的 0dB，则会显示红色，声音出现爆点。

任务3 影片输出参数设置——《美丽校园》

 **知识储备**

1.1 输出参数设置

在 Premiere Pro CC 中，既可以将作品输出刻录在光盘或者存储在移动设备中保存，又可以上传到网络进行浏览欣赏。无论输出何种类型，在输出之前都要进行参数设置，使输出的影片达到理想的效果。

1. 面板简介

选择"文件"→"导出"→"媒体"选项，如图 6-35 所示，在"导出设置"对话框中进行基本输出设置，包括导出源范围、导出的类型和格式、视频设置和音频设置等，如图 6-36 所示。输出文件快捷键为 Ctrl+M。

图6-35 选择"媒体"选项

图6-36　"导出设置"对话框

知识拓展

导出文件时，应先选中或者打开所输出序列，否则"媒体"选项为灰色不可操作状态。

在 Premiere Pro CC 中，所有与输出对象属性相关的选项都放置在"导出设置"对话框中右侧的"导出设置"面板中，利用该面板中的各种选项，用户可以调整对象的基本属性。

在"导出设置"对话框中，左侧为视频预览区域。

源：可以预览源文件效果。

输出：可以预览当前设置的视频效果。

源缩放：调节监视器播放比例，如图 6-37 所示。

视频当前帧：显示视频当前所在时间，双击可以输入想要停留的位置。

设置入点：设置视频编辑的开始位置。

设置出点：设置视频编辑的结束位置。

选择缩放级别：显示器播放画面大小。

长宽比矫正：调整显示器中画面的长宽比例。

输出文件的持续时间：所输出文件的总时长。

源范围：在列表中可以选择要导出的内容是整个序列还是工作区域，或者是其他内容，如图 6-38 所示。

图6-37　源缩放

图6-38　源范围

148

在"导出设置"对话框中，右侧为视频参数设置区域。

与序列设置匹配：启用该复选框，系统将直接使用与序列相匹配的导出设置。而禁用该复选框，则需要单击"格式"下拉按钮，在弹出的下拉列表中选择相应的文件格式，其中包括各种视频格式、图片格式和音频格式，如图 6-39 所示。根据导出影片格式的不同，需单击"预设"下拉按钮，在弹出的下拉列表中选择一种设置的预设导出方案，完成后可在"摘要"区域内查看部分导出设置内容，如图 6-40 所示。

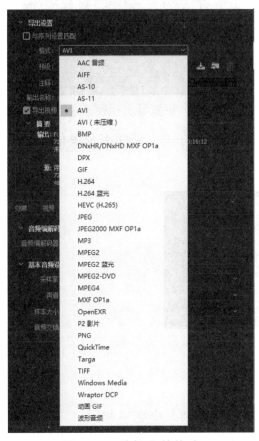

图6-39 选择文件格式

图6-40 选择预设导出方案

输出名称：单击可设置视频名称和保存位置。

导出视频：选中"导出视频"复选框，可输出整个编辑项目的视频部分；若取消选中，则不能输出视频部分。

导出音频：选中"导出音频"复选框，可输出整个编辑项目的音频部分；若取消选中，则不能输出音频部分。

视频编解码器：在弹出的下拉列表中可以选择导出影片的视频编解码器，如图 6-41 所示。在输出影片文件时，压缩程序或者编解码器（压缩 / 解压缩）决定了计算机该如何准确地重构或者删除数据。

基本视频设置：可以设置导出视频画面的质量、宽度、高度和帧速率等，如图 6-42 所示。

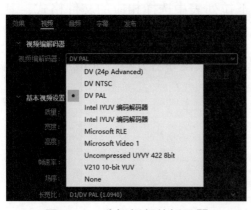

图6-41　选择视频编解码器

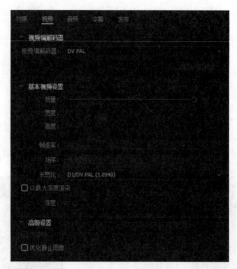

图6-42　设置导出视频画面的参数

在"音频"面板中，可以为输出的音频指定使用的压缩方式、采样率及量化指标等相关的选项参数，如图6-43所示。

图6-43　"音频"面板

知识拓展

对影片设置不同的视频编解码器，得到的视频质量和视频大小也不相同。

2. 调整画面大小

（1）调整输出内容

在"导出设置"对话框左侧的视频预览区域中，可分别在"源"和"输出"选项卡内查看项目的最终编辑和输出画面。在视频预览区域中，调整"时间指示器"可控制当前画面在整个影片中的位置，调整下方的两个三角形滑块能够控制导出时的入点与出点，改变影片持续时间，最终效果如图6-44所示。

（2）调整画面大小

在导出文件前，可以根据需要对源视频进行裁剪，还可以对画面建材的长宽比进行设置。选择"源"选项卡，单击"剪裁导出视频工具"按钮■进行裁剪，此时在预览区域四周将出现四个锚点，在想保留的视频区域上单击并拖动一角，此时会显示一个数字，表示以像素为单位的帧的大小，最终效果如图6-45所示，或者单击"左侧""顶部""右侧"或"底部"，然后输入数字即可。

图6-44　最终效果

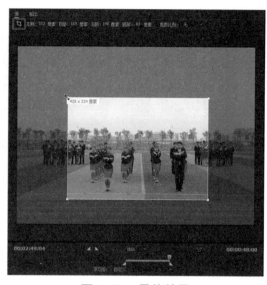

图6-45　最终效果

　　如果想更改裁剪的长宽比，可以单击"裁剪比例"下拉按钮，在弹出的下拉列表中选择裁剪长宽比，如图 6-46 所示。要预览裁剪视频效果，选择"输出"选项卡，如果想缩放视频大小，可以在"源缩放"下拉列表框中选择"缩放以适合"选项，如图 6-47 所示。

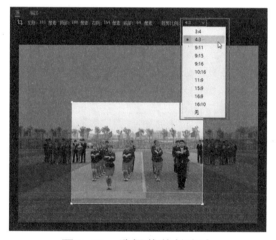

图6-46　选择裁剪长宽比

图6-47　选择"缩放以适合"选项

1.2　渲染输出各种格式文件

1. 输出单帧图片

案例素材提供

　　Premiere Pro CC 视频编辑 / 模块 6/ 渲染输出各种格式文件 / 素材。

　　在实际编辑过程中，有时需要影片中的某一帧画面作为单张静态的图像导出，下面介绍输出单帧图像的具体操作方法。

　　（1）打开"五星红旗 .prproj"文件，然后在"时间线"面板中将时间指示器拖动到需要导出帧的 00：02：07：15 位置，如图 6-48 所示，在"节目监视器"面板中可以预览目前帧画面，确定需要导出的内容。

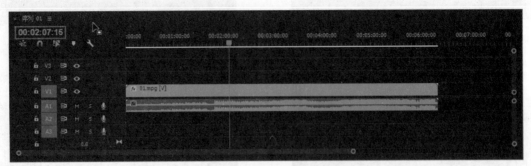

图6-48　调整时间指示器

（2）单击"节目"面板右下角的"导出单帧"按钮📷，如图 6-49 所示。在弹出的"导出帧"对话框中设置名称、格式和路径，然后单击"确定"按钮导出即可，如图 6-50 所示。

图6-49　"节目"面板

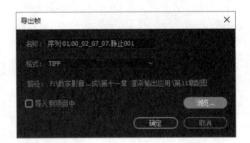

图6-50　"导出帧"对话框

知识拓展

也可以通过"导出"菜单输出单帧图像。在时间线上将时间帧定位在要导出的帧上，选择"文件"→"导出"→"媒体"选项，在"导出设置"对话框中的"格式"下拉列表框中选择一种图像格式；设置导出的名称、路径；在"视频"选项卡下设置品质、宽高等参数，然后单击"导出"按钮直接导出。

2. 输出序列图片

案例素材提供

Premiere Pro CC 视频编辑 / 模块 6/ 渲染输出各种格式文件 / 素材。

编辑好项目文件后，可以将项目文件导出为序列图片，显示序列中每一帧的效果。具体操作方法如下。

【步骤 1】打开"五星红旗 .prproj"文件，在"时间线"面板中选择要导出的序列，如图 6-51 所示。

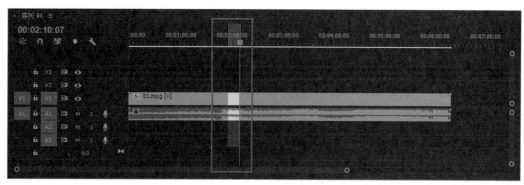

图6-51　选择要导出的序列

【步骤2】按住 Ctrl+M 组合键弹出"导出设置"对话框，在"格式"下拉列表框中选择"TIFF"选项。

【步骤3】在"导出设置"面板中单击"输出名称"，然后在打开的"另存为"对话框中设置导出的路径和文件名。

【步骤4】选择"视频"选项卡，在基本设置区域设置参数，选中"导出为序列"复选框，如图 6-52 所示。单击"导出"按钮，输出完成后，在储存位置形成静态序列图片，如图 6-53 所示。

图6-52　选中"导出为序列"复选框

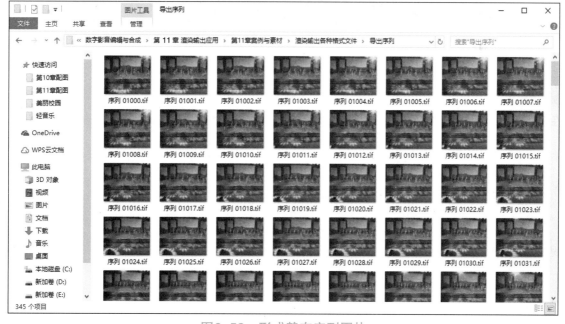

图6-53　形成静态序列图片

3. 输出独立音频

案例素材提供

Premiere Pro CC 视频编辑 / 模块 6/ 渲染输出各种格式文件 / 素材。

在 Premiere Pro CC 中，可以将影片中的一段声音或影片中的歌曲导出为纯音频文件。输出音频文件的具体操作步骤如下。

【步骤1】打开"五星红旗 .prproj"文件，按住 Ctrl+M 组合键弹出"导出设置"对话框，在"格式"下拉列表框中选择"MP3"选项。在"预设"下拉列表框中选择"MP3 128 Kbps"选项。

【步骤2】在"导出设置"面板中选择"输出名称"选项，然后在打开的"另存为"对话框中设置导出的路径和文件名。选中"导出音频"复选框，如图 6-54 所示，单击"导出"按钮，在相应的位置可以找到导出的音频文件。

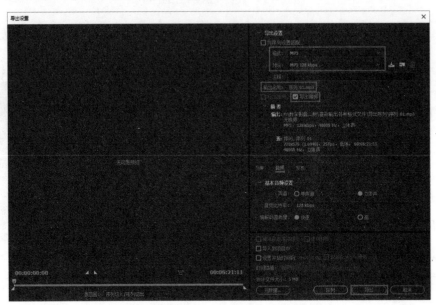

图6-54 "导出设置"对话框

知识拓展

在 Premiere Pro CC 中可以输出多种音频格式，常见的格式有 MP3、AIFF、AAC、WMA 等。

2 实训案例

案例学习目标

视频格式输出设置；熟悉输出面板。

案例知识要点

设置输出面板。

案例素材提供

Premiere Pro CC 视频编辑 / 模块 6/ 美丽校园 / 素材。

案例操作步骤

【步骤1】打开"美丽校园 .prproj"文件，在"时间线"面板中选中素材"序列01"。

【步骤2】选择"文件"→"导出"→"媒体"选项，打开"导出设置"对话框。在"导

《美丽校园》
操作视频

出设置"对话框下方单击"源范围"下拉按钮，选择"整个序列"选项，如图 6-55 所示。

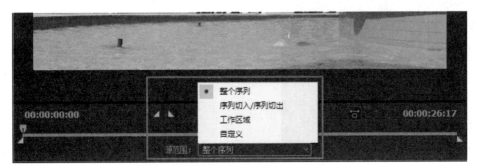

图6-55 选择"整个序列"选项

【步骤 3】在"导出设置"对话框下方单击"适合"下拉按钮，在弹出的下拉列表中选择影片比例为"100%"，如图 6-56 所示。

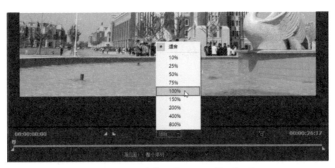

图6-56 选择"100%"选项

【步骤 4】在"导出设置"面板中单击"格式"右侧的下拉按钮，在弹出的下拉列表中选择导出项目的影片格式为"AVI"，如图 6-57 所示。

图6-57 选择导出项目的影片格式

【步骤 5】在"导出设置"面板中单击"输出名称"后面的链接，如图 6-58 所示，然后在打开的"另存为"对话框中设置导出的路径和文件名，如图 6-59 所示。根据需要设置导出类型，如果不想导出音频，可取消选中"导出音频"复选框。

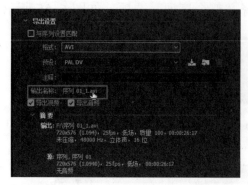

图6-58　"导出设置"面板

图6-59　"另存为"对话框

【步骤6】单击"导出"按钮，然后使用播放软件播放导出的视频。

在 Premiere Pro CC 中可以输出多种视频格式，常见的有 AVI、Windows Media、MPEG、动画 GIF、QuickTime、H.264 等格式。

3 技能提升

在 Premiere 中，预演是在编辑影片过程中不生成文件而是仅浏览效果的一种重要手段，通过预演可以检查特效效果和素材剪辑。它实际属于编辑工程的一部分，影片预演分为两种方式：实时预演和生成预演。

3.1 影片实时预演

实时预演也称为实时预览，它支持所有的视频特效。实时预演不需要生成任何视频，可节约时间。

案例素材提供

Premiere Pro CC 视频编辑 / 模块 6/ 校园风光 / 素材。

案例操作步骤

【步骤1】影片在制作完成后，在"时间线"面板中将时间标记移动到预演需要的片段开始位置，如图 6-60 所示。

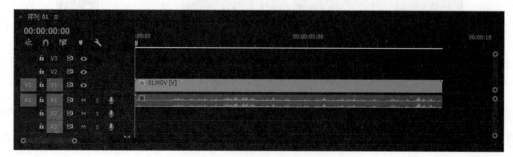

图6-60　调整时间标记

【步骤2】在"节目"面板中单击"播放／停止开关"按钮▶，影片开始播放，在"节目"面板中预览效果，最终效果如图6-61所示。

图6-61 最终效果

知识拓展

如果项目中视频内容多、效果复杂，会出现画面停顿或者跳跃现象，这是因为计算机显卡的性能不能满足渲染需求，可通过降低画面品质或降低帧速率来达到正常的预演效果。

3.2 生成影片预演

生成预演需要对序列中所有内容和效果进行生成，生成时间与序列中素材的复杂程度及计算机CPU的运算能力有关。生成预演播放画面不会产生停顿或跳跃，视频质量较高。通常只选一部分内容进行渲染。

影片制作完成后，在"时间线"面板中标注入点和出点以显示要渲染区域，如图6-62所示，然后选择"序列"中"渲染入点到出点的效果"命令，或者在选中"时间线"面板后按Enter键，即可渲染入点到出点的效果。此时会出现正在渲染进度，如图6-63所示。

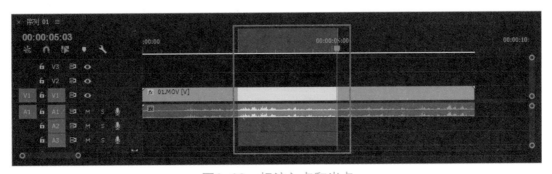

图6-62 标注入点和出点

知识拓展

预演结束后,监视器会自动播放预演片段,在"时间线"面板中的工作区上方和时间标尺下方之间的红线会变成绿线,表明相应视频素材片段已经完成预演。

生成的预演文件可以重复使用,如果不进行保存,在退出 Premiere 后,暂存的预演文件将会被自动删除。如果用户修改预演区域片段后再次预演,就会重新渲染并生成新的预演文件。

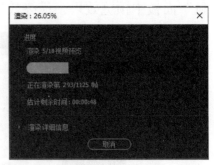

图6-63 渲染进度

强化考核任务

《元旦晚会》

《元旦晚会》操作视频

案例知识点提示

新建时间序列;导入所需视频素材;导出 TIFF 格式图片。

案例欣赏

《元旦晚会》视频输出单帧图像,最终效果如图 6-64 所示。

图6-64 最终效果

案例素材提供

Premiere Pro CC 视频编辑 / 模块 6/ 元旦晚会 / 素材。

模块 7

所向披靡——职业教育展示栏目设计

知识目标

- 掌握撰写文稿的方法。
- 掌握分镜头脚本制作。
- 熟悉摄影技巧。
- 熟悉栏目完整设计流程。

技能目标

- 能够熟练撰写文稿。
- 能够完成脚本写作。
- 能够完成摄影摄像工作。
- 能够编辑与制作完整影片。

素质目标

- 培养学生规划组织与实践能力。
- 培养学生解决问题的能力。
- 培养学生团队合作能力。
- 培养学生敬业精神。

任务1 唐山电视台《蓝色风景线》前期准备

"蓝色风景线"栏目是唐山工业职业技术学院和唐山电视台综合频道共同合作的职业教育展示栏目，以关注职教发展动态、解析职业教育相关政策、展示职业教育战线教职工的风采为主题。本章将以"蓝色风景线"系列中的《培养优秀人才 搭建就业桥梁》为例进行讲解。

① 撰写文稿

撰写文稿

制作数字影视作品时，确定作品主题之后，需要撰写相应的文稿。在撰写文稿之前，首先要编写一个提纲来厘清自己的思路，然后设计作品的风格和结构，进一步整理成文稿形式。《培养优秀人才 搭建就业桥梁》主要体现学前教育毕业生双选会，根据这一主题，在撰写文稿时，着重对毕业生就业情况、学校对学生的培养进行介绍。

《培养优秀人才 搭建就业桥梁》文稿

主持人：近年来，随着我国学前教育事业的快速发展和社会各界对学前教育的高度关注，各类学前教育机构如雨后春笋般涌现，为学前教育专业毕业生提供了更为广阔的就业平台，但机会与挑战并存，同时也对学前教育专业人才有了更高的要求。

为了落实毕业生就业工作，唐山工业职业技术学院学前教育系不仅致力于对学生的培养，同时广开渠道、多方位宣传，为毕业生"搭桥铺路、架梯引线"，先后举办了5场专场招聘会，150余人达成就业意向，开创了毕业生就业的新局面。

解说：12月23日，曹妃甸大学城喜迎唐山工业职业学院学前教育系毕业生"双选会"，由于此前5场专场招聘会的圆满成功，此次招聘会吸引了更多新晋企业，同时更是得到了遵化市教育局的大力支持，北京学思教育集团、北京文苑幼儿园、唐山市小脚丫幼儿园、唐山市幸福童年教育集团等60余家企业进行了现场招聘。

"双选会"期间，学前教育系主任在2号楼108室为各个企业代表介绍本系特色及本届毕业生的基本情况，并带领企业代表参观手工、绘画等学生文化展示，多家企业针对达成意向的学生进行了"一对一"的综合试讲。

唐山工业职业学院学前教育系具有精良的教学团队及优越的教学条件，拥有全国先进的学前儿童发展与教育实验中心，包括感觉统合实训室、早期教育实训室、蒙台梭利教法实训室等，为学生教学做合一及实现个性化发展提供了良好的发展平台。同时，注重学生的综合素质教育及社会实践，力求培养"全方面、多方位"的综合性人才。近年来，为津京冀各大企业输送了大量优秀的学前教育专业毕业生，促进了周边学前教育事业的健康发展。

本次招聘会为学前教育系毕业生离校前的年终"双选会"，共360余名毕业生参加，100

余人达成就业意向，为毕业生搭建了良好的就业平台。由于学前教育系学生整体专业素质较高，通过回访，各个企业对毕业生也十分满意，并表示今后将与学前教育系共同商议培养方案，进行深度合作。

学生采访：我这次投了三份简历，在我和幼儿园的接洽中，我相信我能找到一个合适的工作、合适的岗位。非常感谢学校提供这次平台，使我们能找到合适的工作。

主持人：此次招聘会为唐山工业职业学院学前教育系应届毕业生提供了良好的就业信息交流平台。"向社会输送优秀人才，为学生搭建就业桥梁"是我院毕业生就业工作的宗旨，今后我院将与更多企业加强联系，为毕业生提供更广阔的就业平台，为企业输送高素质的应用型人才，同时为曹妃甸区域经济建设发挥积极的推动作用。

根据《培养优秀人才 搭建就业桥梁》文稿撰写分镜头脚本。首先根据每一段文稿的文字描述设计相应的画面内容、景别和拍摄技巧，然后确定画面的持续时间。如果要对特殊的事项进行说明，可在备注中添加。分镜头脚本可以使拍摄和编辑人员对具体内容和表现形式一目了然，如表7-1所示。

表7-1 《培养优秀人才 搭建就业桥梁》分镜头脚本

镜号	景别	技巧	画面	解说	时间	备注
1	近景	固定镜头	主持人	近年来，随着我国学前教育事业的快速发展和社会各界对学前教育的高度关注，各类学前教育机构如雨后春笋般涌现，为学前教育专业毕业生提供了更为广阔的就业平台，但机会与挑战并存，同时也对学前教育专业人才有了更高的要求	39s	
2	远景	摇镜头	招聘会场景	12月23日，曹妃甸大学城喜迎唐山工业职业学院	5s	
3	远景	固定镜头	招聘会场景	学前教育系毕业生"双选会"	3s	
4	中景	固定镜头	学生应聘咨询	由于此前5场专场招聘会的圆满成功	3s	
5	近景	固定镜头	招聘会场景	此次招聘会吸引了更多新晋企业	3s	
6	全景	固定镜头	招聘会场景	同时更是得到了市教育局的大力支持	3s	
7	中景	摇镜头	招聘会场景	北京学思教育集团、北京文苑幼儿园	5s	
8	中景	固定镜头	招聘会场景	唐山市小脚丫幼儿园、唐山市幸福童年教育集团等	4s	
9	中景	固定镜头	企业招聘场景	60余家企业进行了现场招聘	3s	
10	全景	摇镜头	会场场景	"双选会"期间，学前教育系主任在2号楼108室为各个企业代表介绍本系特色及本届毕业生的基本情况	9s	

镜号	景别	技巧	画面	解说	时间	备注
11	全景	固定镜头	学生手工展室	并带领企业代表参观手工、绘画等学生文化展示	4s	
12	全景	摇镜头	学生准备面试	多家企业针对达成意向的学生	3s	
13	中景	固定镜头	学生备课	进行了"一对一"的综合试讲	3s	
14	中景	摇镜头	学生上课	唐山工业职业学院学前教育系	2s	
15	中景	固定镜头	教师指导学生	精良的教学团队	2s	
16	全景	摇镜头	教学环境	及优越的教学条件	2s	
17	全景	固定镜头	教学环境	拥有全国先进的学前儿童发展	2s	
18	全景	固定镜头	教学环境	与教育实验中心	2s	
19	全景	固定镜头	教学场景	包括感觉统合实训室	2s	
20	全景	固定镜头	教学场景	早期教育实训室	2s	
21	近景	固定镜头	教学场景	蒙台梭利教法实训室等	2s	
22	近景	固定镜头	教学场景	为学生教学做合一	3s	
23	中景	固定镜头	教学场景	实现个性化发展	3s	
24	全景	固定镜头	教学场景	提供了良好的发展平台	2s	
25	近景	固定镜头	教学场景	同时注重学生的综合素质教育	3s	
26	特写	固定镜头	教学场景	及社会实践	2s	
27	近景	固定镜头	教学场景	力求培养"全方面、多方位"	3s	
28	近景	固定镜头	教学场景	的综合性人才	2s	
29	全景	固定镜头	教学场景	近年来，为津京冀各大企业	2s	
30	全景	固定镜头	学生实训场景	输送了大量优秀的学前教育专业毕业生	3s	
31	中景	固定镜头	学生实训场景	促进了周边学前教育事业的	2s	
32	中景	固定镜头	学生实训场景	健康发展	2s	
33	远景	摇镜头	招聘会场景	本次招聘会为学前教育系毕业生离校前的年终"双选会"	6s	
34	中景	摇镜头	招聘会场景	共360余名毕业生参加，100余人达成就业意向，为毕业生搭建了良好的就业平台	7s	
35	中景	固定镜头	招聘会场景	由于学前系学生整体专业素质较高	4s	
36	全景	固定镜头	学生实训场景	通过回访	2s	
37	中景	摇镜头	学生实训场景	各个企业对毕业生也十分满意	2s	

续表

镜号	景别	技巧	画面	解说	时间	备注
38	全景	固定镜头	学生实训场景	并表示今后将与学前教育系	2s	
39	全景	固定镜头	学生实训场景	共同商议培养方案	2s	
40	全景	固定镜头	学生实训场景	进行深度合作	3s	
41	近景	固定镜头	学生采访	我这次投了三份简历，在我和幼儿园的接洽中，我相信我能找到一个合适的工作、合适的岗位。非常感谢学校提供这次平台，使我们能找到合适的工作	13s	
42	近景	固定镜头	主持人	此次招聘会为唐山工业职业学院学前教育系应届毕业生提供了良好的就业信息交流平台。"向社会输送优秀人才，为学生搭建就业桥梁"是我院毕业生就业工作的宗旨，今后我院将与更多企业加强联系，为毕业生提供更广阔的就业平台，为企业输送高素质的应用型人才，同时为曹妃甸区域经济建设发挥积极的推动作用	32s	

❷ 素材采集

采集"蓝色风景线"节目《培养优秀人才 搭建就业桥梁》期间素材时，应熟悉本期节目分镜头脚本，根据分镜头脚本拍摄画面。一个场景可以拍摄多组镜头，编辑时可以根据分镜头脚本的需要选择最适合的素材。拍摄过程中工作人员要分工明确，记录场记，减少后期反复查找素材的麻烦。

素材采集

1. 招聘会现场

采用移镜头的拍摄方式，景别采用全景，以便充分展现招聘会现场场景。具体操作步骤如下。

【步骤1】将摄像机安装到三脚架上，采用室内自然光进行拍摄。

【步骤2】在取景框中对景物进行构图，将人物放在黄金分割点上。

【步骤3】固定机位拍摄8s。

最终效果如图7-1所示。

图7-1　最终效果

2. 学生准备面试

素材拍摄采用固定镜头的拍摄方式。景别采用中景，以便更好地展现学生积极准备面试，以及对学校的教学质量和自己能力的信心。拍摄人物的侧面，将人物放在黄金分割线上，使得画面构图均衡合理，整体效果和谐融洽。

具体操作步骤如下。

【步骤1】将摄像机安装到三脚架上，采用室内自然光进行拍摄。

【步骤2】采用全景摇镜头进行拍摄。

【步骤3】固定机位拍摄6s。

最终效果如图7-2所示。

图7-2　最终效果

3. 学前教育系介绍

拍摄学生上课、教室设备、幼儿园实训等日常教学场景能很好地展现学前教育系的教学质量。这段素材拍摄景别可选择全景、中景，通过学生们认真上课、教师生动的讲解来展现教学环境。拍摄过程中可多拍几组镜头，以备剪辑时选择使用。

具体操作步骤如下。

【步骤1】将摄像机安装到三脚架上，采用室内自然光进行拍摄。

【步骤2】在取景框中对人物和环境进行构图。

【步骤3】固定机位拍摄6s。

最终效果如图7-3所示。

图7-3　最终效果

《培养优秀人才 搭建就业桥梁》中其他素材的采集，大家可按照分镜头脚本的要求和实际情况进行拍摄。

任务2 《培养优秀人才 搭建就业桥梁》后期制作

素材采集工作完成后，进入编辑加工环节，按照新建项目、导入素材、编辑素材、运动参数设置、添加特效、添加转场、片尾字幕制作、审查、输出影片等步骤制作，在编辑大型项目时要把握好作品的风格和节奏。

1 片头制作

Premiere 是视频编辑爱好者和专业人士必不可少的视频编辑工具，它可以提升编辑者的创作能力和创作自由度。Premiere 通常用于视频段落的组合和拼接，一般在大型节目片头制作上多采用 AE、C4D 等特效合成软件与 Premiere 相结合。在这里用 Premiere 做一个简单的电视节目片头。

案例素材提供

Premiere Pro CC 视频编辑 / 模块 7 案例与素材 / 片头 / 素材。

片头制作
操作视频

案例操作步骤

【步骤 1】①启动 Premiere Pro CC 软件，弹出"开始"界面，单击"新建项目"按钮。②弹出"新建项目"对话框，在"名称"文本框中输入项目名称"蓝色风景线"，在"位置"下拉列表框中选择保存文件的路径，单击"确定"按钮，完成项目的新建，如图 7-4 所示。③按 Ctrl+N 组合键，弹出"新建序列"对话框，在左侧列表中选择"DV-PAL"→"标准 48kHz"选项，该序列名称为"片头"，单击"确定"按钮，完成序列的新建，如图 7-5 所示。

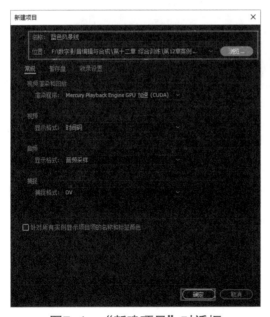

图7-4 "新建项目"对话框   图7-5 "新建序列"对话框

【步骤 2】①双击"项目"面板素材区空白处，弹出"导入"对话框，选择"Premiere Pro CC 视频编辑 / 模块 7 案例与素材 / 片头 / 素材 /01.png、蓝 .png、色 .png、风 .png、景 .png、线 .png、视频 01.mpg~ 视频 05.mpg、片头音乐 .mp3"文件，单击"打开"按钮导入文件，如图 7-6 所示。②导入后的文件排列在"项目"面板中，如图 7-7 所示。③在"项目"面板中单击"片头音乐 .mp3"和"01.png"文件，将其分别拖曳到"时间线"面板中的"A1"和"V2"轨道上，并用鼠标拖动素材"01.png"，使其与素材"片头音乐 .mp3"的长度一致，如图 7-8 所示。

图7-6 "导入"对话框

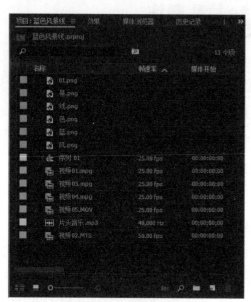

图7-7 "项目"面板

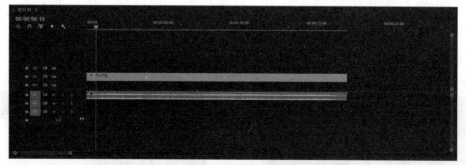

图7-8 调整素材长度

【步骤 3】①选中轨道中的素材"01.png"，将时间指示器移动到 00：00 位置，打开"效果控件"面板，展开"运动"选项，单击"位置"前面的码表，将"位置"设置为"108.0"和"282.0"，单击"缩放"前面的码表，将"缩放"设置为"305.5"，再单击"不透明度"前面的码表，将"不透明度"设置为 0.0%，记录第一个动画关键帧，如图 7-9 所示。

②将时间指示器移动到 01：00 位置，将"位置"设置为"475.0"和"300.0"，将"缩放"设置为"102.0"，将"不透明度"设置为"100.0%"，记录第二个动画关键帧，如图 7-10 所示。③将时间指示器移动到 08：00 位置，将"位置"设置为"735.0"和"360.0"，将"缩放"设置为"127.5"，记录第三个动画关键帧，如图 7-11 所示。

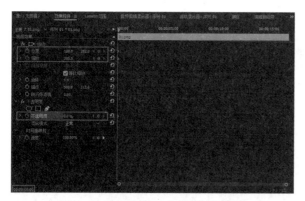

图7-9　记录第一个动画关键帧

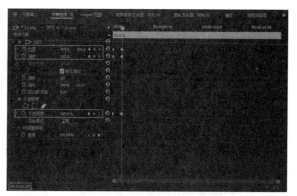

图7-10　记录第二个动画关键帧

【步骤4】取消选中"等比缩放"复选框，将"缩放宽度"设置为"187.3"，如图 7-12 所示。

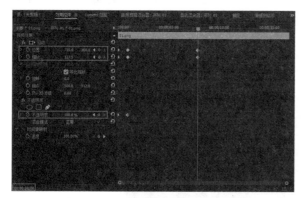

图7-11　记录第三个动画关键帧

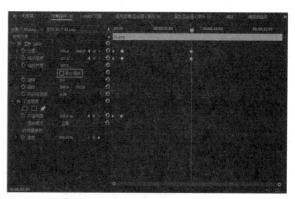

图7-12　设置"缩放宽度"

【步骤5】①打开"效果"面板，展开"视频效果"→"生成"选项，将"镜头光晕"效果拖曳到"时间线"面板中的"01.png"素材上，如图 7-13 所示。②在"效果控件"面板中，展开"镜头光晕"选项，单击"光晕中心"前面的码表🕐，将时间指示器移动到 00：00 位置，将"镜头光晕"设置为"1203.8"和"-27.4"，单击"光晕亮度"前面的码表🕐，将"光晕亮度"设置为 213%，记录第一个动画关键帧，如图 7-14 所示。将时间指示器移动到 01：00 位置，将"光晕亮度"设置为 100%，记录第二个动画关键帧，如图 7-15 所示。将时间指示器移动到 01：15 位置，将"光晕中心"设置为"540.0"和"47.5"，将"光晕亮度"设置为"157%"，记录第三个动画关键帧。将时间指示器移动到 03：18 位置，将"光晕中心"设置为"498.5"和"490"，将"光晕亮度"设置为"100%"，记录第四个动画关键帧。将时间指示器移动到 05：03 位置，将"光晕中心"设置为"4.0"和"468"，记录第五个动画关键帧。将时间指示器移动到 06：18 位置，将"光晕中心"设置为"50.0"和"-4.3"，将"光晕亮度"设置为"0%"，记录第六个动画关键帧。将时间指示器移动到 08：03 位置，将"光晕中心"设置为"340.0"和"-4.5"，将"光晕亮度"设置为"100%"，记录第七个动画关键帧。将时间指示器移动到 09：21 位置，将"光晕中心"设置为"450.0"和"249"，记录第八个动画关键帧。将时间指示器移动到 11：15 位置，将"光晕中心"设置为"556.0"和"247.0"，记录第九个动画关键帧，如图 7-16 所示。

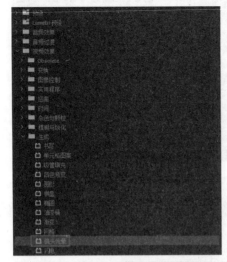

图7-13 添加"镜头光晕"效果

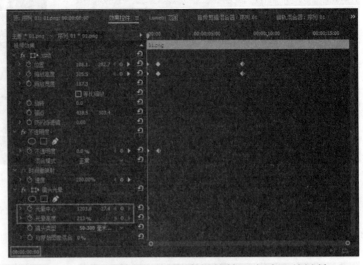

图7-14 记录"0.1.png"素材的第一个动画关键帧

图7-15 记录"0.1.png"素材的第二个动画关键帧

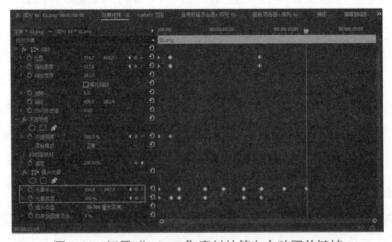

图7-16 记录"0.1.png"素材的第九个动画关键帧

【步骤6】①在"项目"面板中单击"视频 01.mpg"文件，将其拖曳到"时间线"面板中的轨道中，将其选中并右击，在弹出的快捷菜单中选择"取消链接"命令，删除其音频，如图 7-17 所示。②选中"视频 01.mpg"文件，将其移动到"V1"轨道中的 00：15 位置，如图

7-18 所示。③打开"效果控件"面板,展开"不透明度"选项,单击"不透明度"前面的码表 ,将"不透明度"设置为"0.0%",记录第一个动画关键帧,如图 7-19 所示。将时间指示器移动到 01:13 位置,展开"运动"选项,单击"位置"前面的码表 ,将"位置"设置为"277.0"和"215.0",单击"缩放"前面的码表 ,将"缩放"设置为"100.0",将"不透明度"设置为"100.0%",记录第二个动画关键帧。将时间指示器移动到 01:13 的位置,将"位置"设置为"40.0"和"257.0",将"缩放"设置为"156.0",记录第三个动画关键帧,如图 7-20 所示。

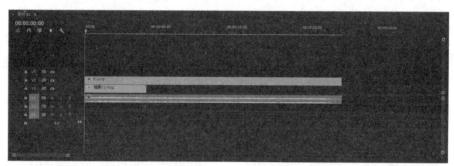

图7-17　删除音频

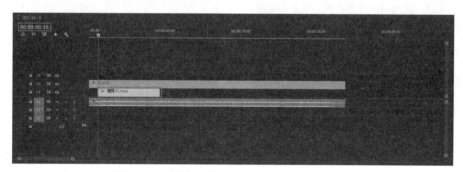

图7-18　添加"视频01.mpg"素材文件

图7-19　记录"视频01.mpg"文件的
第一个动画关键帧

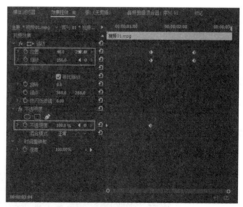

图7-20　记录"视频01.mpg"文件的
第三个动画关键帧

【步骤7】①在"项目"面板中单击"视频 02.mpg"文件,将其拖曳到"时间线"面板轨道中,将其选中并右击,在弹出的快捷菜单中选择"取消链接"命令,删除其音频。选中"视频 02"文件,将其移动到"V1"轨道中的 03:04 位置,如图 7-21 所示。②选中"视频

02.mpg"文件，将时间指示器移动到 03：04 位置，展开"运动"选项，单击"位置"前面的码表，将"位置"设置为"117.0"和"63.0"，单击"缩放"前面的码表，将"缩放"设置为"97.0"，记录第一个动画关键帧，如图 7-22 所示。将时间指示器移动到 04：22 位置，将"位置"设置为"344.0"和"212.0"，将"缩放"设置为"47.0"，记录第二个动画关键帧，如图 7-23 所示。

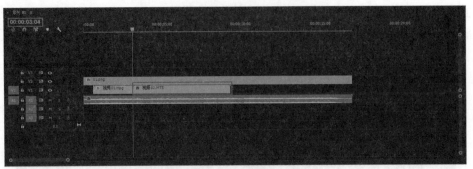

图7-21　选中视频文件并移动位置

图7-22　记录"视频02.mpg"文件的
第一个动画关键帧

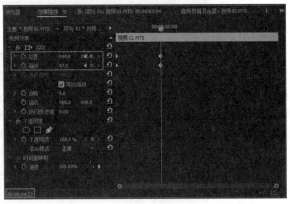

图7-23　记录"视频02.mpg"文件的
第二个动画关键帧

【步骤8】①在"项目"面板中单击"视频 03.mpg"文件，将其拖曳到"时间线"面板轨道中，将其选中并右击，在弹出的快捷菜单中选择"取消链接"命令，删除其音频。选中"视频03.mpg"文件，将其移动到"V1"轨道中的 05：20 位置，如图 7-24 所示。②选中"视频 03.mpg"文件，打开"效果控件"面板，将"位置"设置为"243.0"和"233.0"，将"缩放"设置为"132.0"，如图 7-25 所示。

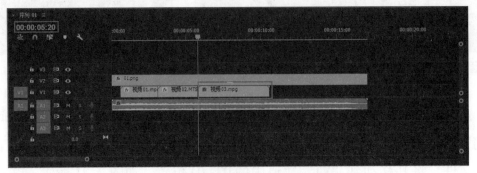

图7-24　添加"视频03.mpg"素材文件

【步骤 9】①在"项目"面板中单击"视频 04.mpg"文件,将其拖曳到"时间线"面板轨道中,将其选中并右击,在弹出的快捷菜单中选择"取消链接"命令,删除其音频。选中"视频 04.mpg"文件,将其移动到"V1"轨道中的 08:20 位置,如图 7-26 所示。②选中"视频 04.mpg"文件,打开"效果控件"面板,将"位置"设置为"250.0"和"219.0",将"缩放"设置为"107.0",如图 7-27 所示。

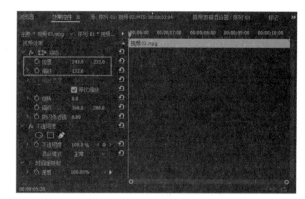

图7-25 "效果控件"面板

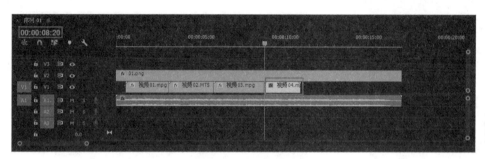

图7-26 添加"视频04.mpg"素材文件

【步骤 10】①在"项目"面板中单击"视频 05.mpg"文件,将其拖曳到"时间线"面板轨道中,将其选中并右击,在弹出的快捷菜单中选择"取消链接"命令,删除其音频。选中"视频 05"文件,将其移动到"V1"轨道中的 10:24 位置,并拖曳到尾部的 17:00 位置,使其与其他轨道内容长度一样,如图 7-28 所示。②选中"视频 05.mpg"文件,打开"效果控件"面板,将"位置"设置为"353.0"和"162.0",将"缩放"设置为"79.0",如图 7-29 所示。

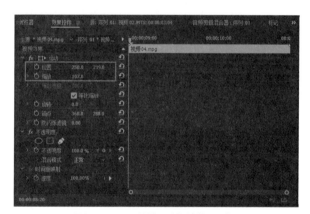

图7-27 "效果控件"面板

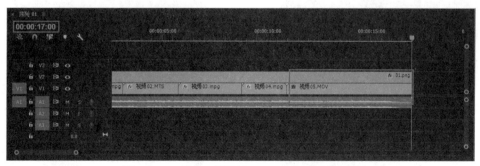

图7-28 添加"视频05.mpg"素材文件

【步骤11】打开"效果"面板，展开"视频过渡"→"溶解"选项，将"交叉溶解"效果拖曳到"时间线"面板中的"视频02.mpg"素材上，如图7-30所示。用同样的方法将"交叉溶解"拖曳到"时间线"面板中的"视频03.mpg""视频04.mpg""视频05.mpg"素材上，并调整效果时间，如图7-31所示。

图7-29　"效果控件"面板

图7-30　添加"交叉溶解"效果（1）

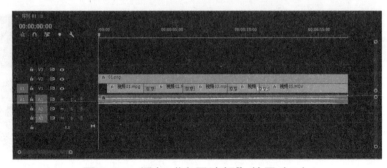

图7-31　添加"交叉溶解"效果（2）

【步骤12】①按Ctrl+T组合键，弹出"新建字幕"对话框，在"名称"文本框中输入字幕名称"发展"，单击"确定"按钮，如图7-32所示。进入字幕编辑面板，如图7-33所示。②单击字幕工具栏中的"文字工具" T ，在字幕工作区中输入文字"展示职业教育风采"，如图7-34所示。③在"字幕样式"面板中，选择需要的样式。④在"属性"栏中选择需要的字体、字号并调整文字的位置。⑤单击右上角的"关闭"按钮 × 关闭字幕编辑面板并自动保存。

图7-32　"新建字幕"对话框

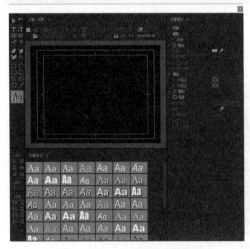

图7-33　字幕编辑面板

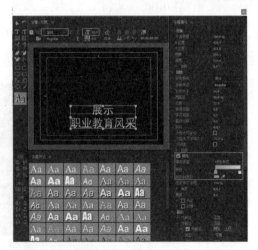

图7-34　输入文字

【步骤13】①在"项目"面板中单击"发展"字幕文件，将其拖曳到"时间线"面板中的"V3"轨道中。②选中"发展"字幕,将其移动到00:13位置,打开"效果控件"面板,展开"运动"选项,单击"位置"前面的码表 ⏱,将"位置"设置为"360.0"和"288.0",单击"缩放"前面的码表 ⏱,将"缩放"设置为"0.0",记录第一个动画关键帧,如图7-35所示。将时间指示器移动到02:05位置,将"位置"设置为"363.0"和"285.0",将"缩放"设置为"93.0",记录第二个动画关键帧。将时间指示器移动到03:08位置,将"位置"设置为"336.0"和"250.0",将"缩放"设置为"131.0",记录第三个动画关键帧。将时间指示器移动到04:11位置,复制上一个"位置"的关键帧,将"缩放"设置为"131.0",单击"不透明度"前面的码表 ⏱,将"不透明度"设置为"100.0%",记录第四个动画关键帧。将时间指示器移动到05:17位置,将"位置"设置为"197.0"和"-24.0",将"缩放"设置为"383.0",将"不透明度"设置为"0.0%",记录第五个动画关键帧,并延长"发展"字幕到时间线06:00位置,如图7-36所示。

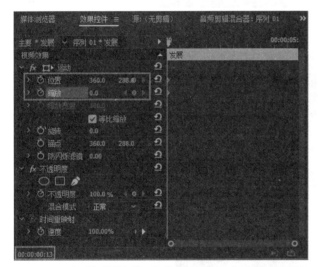

图7-35 记录"发展"字幕文件第一个动画关键帧

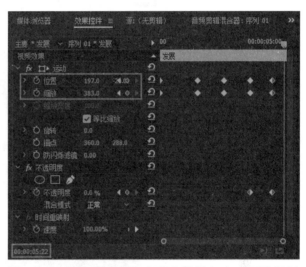

图7-36 记录"发展"字幕文件第五个动画关键帧

【步骤14】①选择"序列"→"添加轨道"命令,添加6个轨道,如图7-37所示。②创建"推动"字幕。在字幕工作区中输入文字"展示职业教育风采",在"字幕样式"面板中选择需要的样式,如图7-38所示。将其拖曳到时间线04:20到13:01位置上,如图7-39所示。③用与之前"发展"字幕同样的方法,为"展示职业教育风采"字幕设置关键帧,如图7-40所示。

图7-37 添加轨道

图7-38 选择样式

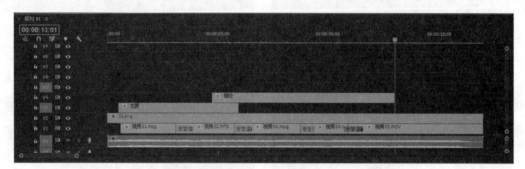

图7-39 添加效果

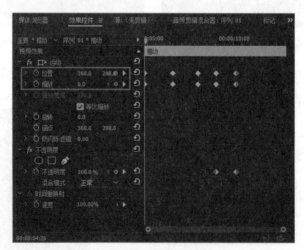

图7-40 设置关键帧

【步骤15】①在"项目"面板中选中"蓝.png"文件，将其拖曳到"时间线"面板中的"V5"轨道中，并移动到13：00位置，如图7-41所示。②选中"蓝.png"文件，打开"效果控件"面板，展开"运动"选项，单击"位置"前面的码表，将"位置"设置为"-1252.0"和"217.0"，单击"缩放"前面的码表，将"缩放"设置为"1500.0"，记录第

一个动画关键帧，如图 7-42 所示。将时间指示器移动到 13：19 位置，将"位置"设置为"226.0"和"217.0"，"缩放"设置为 40，记录第二个动画关键帧。

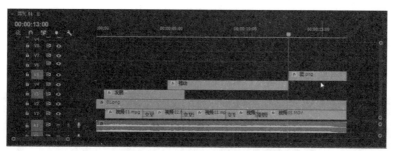

图7-41　添加"蓝.png"文件

【步骤 16】①在"项目"面板中单击"色 .png"文件，将其拖曳到"时间线"面板中的"V6"轨道中，并移动到 13：19 位置，如图 7-43 所示。②选中"色 .png"文件，打开"效果控件"面板，展开"运动"选项，将"位置"设置为"400.0"和"218.0"，单击"缩放"前面的码表 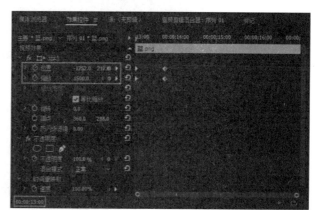，将"缩放"设置为"1500.0"，记录第一个动画关键帧，如图 7-44 所示。将时间指示器移动到 14：13 的位置，将"缩放"设置为"40.0"，记录第二个动画关键帧。

图7-42　记录"蓝.png"文件的第一个动画关键帧

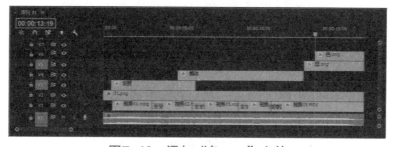

图7-43　添加"色.png"文件

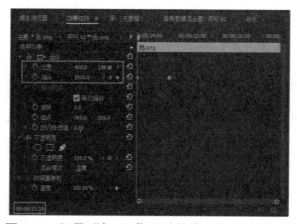

图7-44　记录"色.png"文件的第一个动画关键帧

【步骤17】①在"项目"面板中选中"风.png"文件，将其拖曳到"时间线"面板中的"V7"轨道中，并移动到14∶12位置，如图7-45所示。②选中"风.png"文件，打开"效果控件"面板，展开"运动"选项，将"位置"设置为"207.0"和"329.0"，单击"缩放"前面的码表 ⏱ ，将"缩放"设置为"1500.0"，记录第一个动画关键帧，如图7-46所示。将时间指示器移动到14∶24位置，将"缩放"设置为"40.0"，记录第二个动画关键帧。

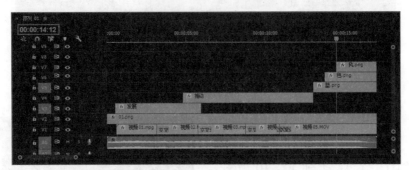

图7-45 添加"风.png"文件

图7-46 记录"风.png"文件的第一个动画关键帧

【步骤18】①在"项目"面板中选中"景.png"文件，将其拖曳到"时间线"面板中的"V8"轨道中，并移动到14∶23位置，如图7-47所示。②选中"景.png"文件，打开"效果控件"面板，展开"运动"选项，将"位置"设置为"333.0"和"329.0"，单击"缩放"前面的码表 ⏱ ，将"缩放"设置为"1500.0"，记录第一个动画关键帧，如图7-48所示。将时间指示器移动到15∶10位置，将"缩放"设置为"40.0"，记录第二个动画关键帧。

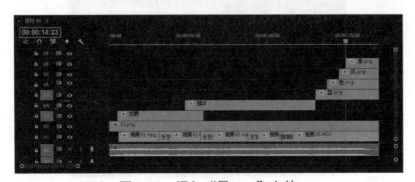

图7-47 添加"景.png"文件

【步骤19】①在"项目"面板中选中"线.png"文件，将其拖曳到"时间线"面板中的"V9"轨道中，并移动到15∶12位置，如图7-49所示。②选中"线.png"文件，打开"效果控件"面板，展开"运动"选项，单击"位置"前面的码表，将"位置"设置为"2500.0"和"330.0"，单击"缩放"前面的码表，将"缩放"设置为"1500.0"，记录第一个动画关键帧，如图7-50所示。将时间指示器移动到15∶21位置，将"位置"设置为"510.0"和"330.0"，将"缩放"设置为"40.0"，记录第二个动画关键帧。

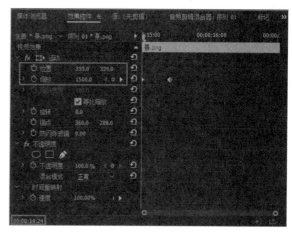

图7-48 记录"景.png"文件的第一个动画关键帧

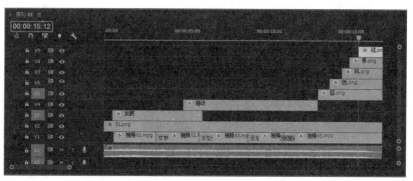

图7-49 添加"线.png"文件

《蓝色风景线》片头制作完成，最终效果如图7-51所示。

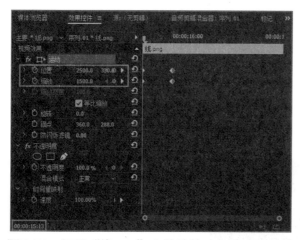

图7-50 记录"线.png"文件的第一个动画关键帧

图7-51 最终效果

2.1 导入素材

（1）双击"项目"面板素材区空白处，弹出"导入"对话框，选择"Premiere Pro CC 视频编辑 / 模块 7 案例与素材 / 编辑与制作 / 素材"中的所有素材，如图 7-52 所示。

图7-52 "导入"对话框

（2）将所需要的素材根据类别进行分类，将不同类别的素材分别放入不同的素材箱中，在"项目"面板右下方单击"新建素材箱"按钮▢，修改名称，把素材拖曳到相应的素材箱中，如图 7-53 所示。可以根据自己编辑过程中的实际需求新建并命名素材箱，对素材进行管理。

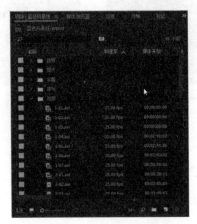

图7-53 "项目"面板

2.2　同期声制作

案例素材提供

Premiere Pro CC 视频编辑 / 模块 7/ 编辑与制作 / 素材。

影视同期声制
作操作视频

案例操作步骤

【步骤 1】①按 Ctrl+N 组合键，弹出"新建序列"对话框，在左侧列表中选择"DV-PAL"→"标准 48kHz"选项，命名为"采访"，单击"确定"按钮，完成序列的新建，如图 7-54 所示。②在"项目"面板的"视频素材箱"中选中"学生采访 .avi"文件，将其拖曳到"时间线"面板中的"V1"轨道中，反复试听，单击"工具"面板中的"剃刀工具" ，裁剪采访者话语中重复或错误的词，如图 7-55 所示。③将"项目"面板中"视频素材箱"的"采访话筒"拖曳到"时间线"面板中的"V2"轨道中，放在"V1"轨道的剪辑处，弥补剪切造成的画面跳跃，如图 7-56 所示。

图7-54　"新建序列"对话框

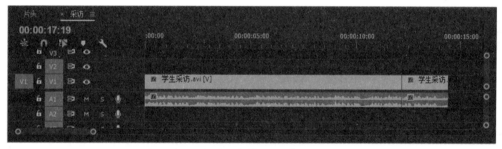

图7-55　添加"学生采访.avi"文件

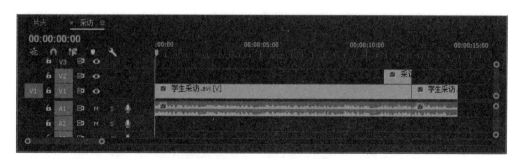

图7-56　弥补画面跳跃

【步骤 2】①按 Ctrl+T 组合键，新建字幕文件，命名为"采访01"，选择"矩形工具" ，在字幕工作区编辑窗口中绘制矩形长条，如图 7-57 所示。为避免预览不清楚，可以单击字幕显示区右上方的图标,关闭显示背景。②在"字幕属性"面板中的"填充"栏中设置"填充类型"为"线性渐变","颜色"全部设置为"白色",设置右侧的"色彩到不透明"为"0%",调整到最右侧位置,如图7-58所示。③单击右上角"关闭"按钮关闭字幕编辑面板并自动保存,最终效果如图7-59所示。

图7-57 绘制矩形长条

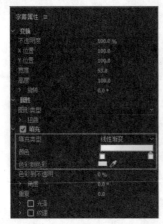

图7-58 "字幕属性"面板

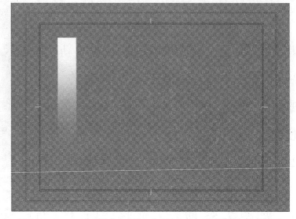

图7-59 "采访01"字幕文件背景最终效果

【步骤3】①在"项目"面板中选中"采访01"字幕文件,将其拖曳到"时间线"面板中的"V2"轨道中,并移动到01:00到05:00位置,如图7-60所示。②选中"采访01"字幕,打开"效果控件"面板,展开"运动"选项,单击"位置"前面的码表🕐,将"位置"设置为"360.0"和"-138.0",记录第一个动画关键帧。③展开"不透明度"选项,单击"不透明度"前面的码表🕐,将"不透明度"设置为"0.0%",记录第二个动画关键帧。将时间指示器移动到01:08位置,将"位置"设置为"360.0"和"282.0",记录第三个动画关键帧。将"不透明度"设置为"100.0%",记录第四个动画关键帧。④将时间指示器移动到04:16位置,将"不透明度"设置为"100.0%",记录第五个动画关键帧。将时间指示器移动到05:00位置,将"不透明度"设置为"0.0%",记录第六个动画关键帧,如图7-61所示。

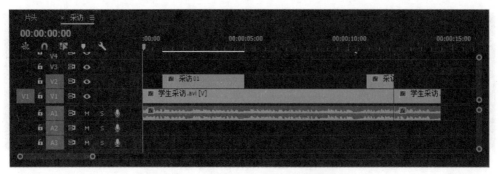

图7-60 添加"采访01"字幕文件

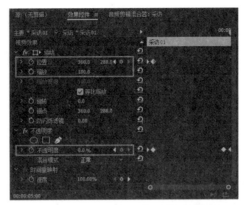

图7-61　记录第六个动画关键帧

【步骤4】①用同样的方法新建字幕文件"采访02"，在"字幕属性"面板中的"填充"栏中设置"填充类型"为"线性渐变"，"颜色"分别设置为"#99B1F8"和"#2342A7"，设置右侧的"色彩到不透明"为"0%"，调整到适合位置，如图7-62所示。②单击右上角"关闭"按钮 x 关闭字幕编辑面板并自动保存，最终效果如图7-63所示。

图7-62　"字幕属性"面板

图7-63　"采访02"字幕文件背景最终效果

【步骤5】①将"采访02"字幕文件拖曳到"时间线"面板中的"V3"轨道上，并移动到和"采访01"字幕文件一样的位置，如图7-64所示。②使用与"采访01"字幕文件相同的方法，打开"采访02"字幕文件的"效果控件"面板，"位置"由下向上记录关键帧，并为"不透明度"记录关键帧。

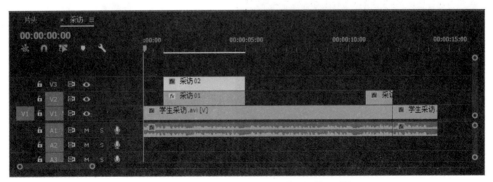

图7-64　添加"采访02"字幕文件

【步骤6】①按 Ctrl+T 组合键，新建字幕文件，命名为"采访03"，单击字幕工具栏中的"文字工具"，在字幕工作区中分别输入文字"唐山工职院学前系""学生"。在"字幕样式"面板中，选择需要的样式。②在"属性"栏中选择需要的字体、字号并调整文字的位置。③单击右上角"关闭"按钮，关闭字幕编辑面板并自动保存。最终效果如图 7-65 所示。

图7-65 "采访03"字幕文件最终效果

【步骤7】①将"采访03"字幕文件拖曳到"时间线"面板中的"V3"轨道上自动生成"V4"轨道，如图 7-66 所示。

②选中"采访03"字幕文件，打开"效果控件"面板，将时间指示器移动到 01：00 位置，展开"不透明度"选项，单击"不透明度"前面的码表⬚，将"不透明度"设置为"0.0%"，记录第一组动画关键帧。将时间指示器移动到 01：08 位置，将"不透明度"设置为"100.0%"，记录第二组动画关键帧。将时间指示器移动到 04：16 位置，将"不透明度"设置为"100.0%"，记录第三组动画关键帧。将时间指示器移动到 05：00 位置，将"不透明度"设置为"0.0%"，记录第四组动画关键帧，如图 7-67 所示。最终效果如图 7-68 所示。

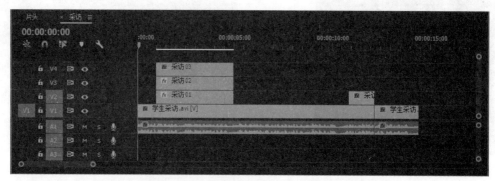

图7-66 添加"采访03"字幕文件

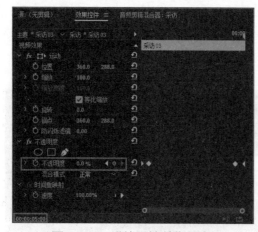

图7-67 "效果控件"面板

图7-68 最终效果

2.3　排列素材

根据解说和分镜头脚本的要求，将素材排列在时间线上，使素材画面内容与声音内容相匹配。对于不合适的素材，需要进行补拍，补拍素材后将原来的素材替换。图 7-69 所示为匹配完成后的效果。

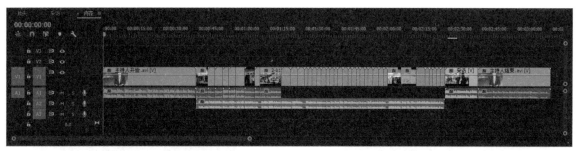

图7-69　匹配完成后的效果

2.4　调整素材

对于曝光不正确或偏色的素材进行校色。使整个影片的色调统一、协调。同时，对稍倾斜的素材可以使用运动面板中的命令进行修正。图 7-70 所示为幼儿园实训校色和修正的前后对比效果和特效控制面板。

图7-70　幼儿园实训校色和修正的前后对比效果和特效控制面板

2.5　制作标题

案例素材提供

Premiere Pro CC 视频编辑 / 模块 7/ 编辑与制作 / 素材。

案例操作步骤

制作标题
操作视频

为节目增加主题可以使节目的内容突出，使用绘图工具在字幕上添加一些图形，也可以起到装饰效果。

（1）按 Ctrl+T 组合键新建字幕文件，命名为"标题字幕"，选择"钢笔工具" ，在字幕工作区编辑窗口中绘制菱形，如图 7-71 所示。在"字幕属性"面板中设置"图形类型"为"填充贝塞尔曲线"，在"填充"栏中设置"填充类型"为"线性渐变"，"颜色"全部设置为"白色"，设置左侧和右侧的"色彩到不透明"分别为"60%"和"35%"，并调整到适合位置，如图 7-72 所示。

图7-71　绘制菱形

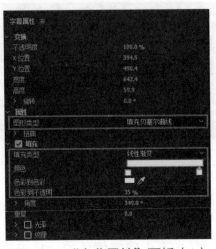

图7-72　"字幕属性"面板（1）

（2）选择"钢笔工具" ，在字幕工作区编辑窗口中绘制梯形，如图 7-73 所示。在"字幕属性"面板中设置"图形类型"为"填充贝塞尔曲线"，在"填充"栏中设置"填充类型"为"线性渐变"，"颜色"分别设置为"#90A8F1"和"#2542A6"，设置左侧和右侧的"色彩到不透明"分别为"60%"和"80%"，并调整到适合位置，如图 7-74 所示。背景最终效果如图 7-75 所示。

图7-73　绘制梯形

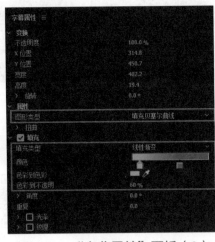

图7-74　"字幕属性"面板（2）

图7-75　背景最终效果

（3）单击字幕工具栏中的"文字工具" T，在字幕工作区中输入文字"培养优秀人才 搭建就业桥梁"，在"字幕样式"面板中选择需要的样式。在"属性"栏中选择需要的字体、字号并调整文字的位置，如图 7-76 所示。单击右上角"关闭"按钮，关闭字幕编辑面板并自动保存。最终效果如图 7-77 所示。

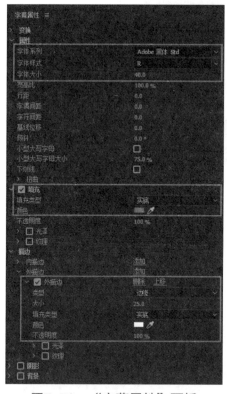

图7-76　"字幕属性"面板

图7-77　最终效果

（4）在"项目"面板中选中"标题字幕"字幕文件，将其拖曳到"时间线"面板中的"V2"轨道中，并将其放在 39：01 位置，并调整其长度，如图 7-78 所示。选中"标题字幕"字幕文件，打开"效果控件"面板，展开"不透明度"选项，单击"不透明度"前面的码表，将"不透明度"设置为"0.0%"，记录第一个动画关键帧。将时间指示器移动到 40：00 位置，将"不透明度"设置为"100.0%"，记录第二个动画关键帧。将时间指示器移动到 51：20 位置，将"不透明度"设置为"100.0%"，记录第三个动画关键帧。将时间指示器移动到 52：20 位置，将"不透明度"设置为"0.0%"，记录第四个动画关键帧，如图 7-79 所示。

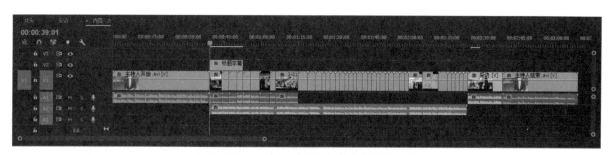

图7-78　添加"标题字幕"字幕文件

图7-79　记录第四个动画关键帧

2.6　音频编辑

　　调整音频音量，根据解说的间断，适当地提高或降低视频中的声音，使配音和视频中环境的声音更加协调。如图 7-80 所示，调整音量大小，避免声音高低起伏过大。

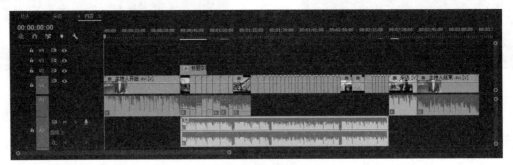

图7-80　调整音量大小

知识拓展

　　在各个片段之间添加相应的切换效果，使整个影片画面的过渡更加柔和，新闻类节目剪辑转换方法多以"切"为主。可以为最后一个画面添加"黑场过渡"或"叠化"制作淡出效果。

3　片尾制作

　　（1）按 Ctrl+N 组合键新建序列，并命名为"片尾"，把"音频素材箱"中的素材"片尾音乐 .mp3"添加到"时间线"面板中的"A1"音频轨道上。把"图片素材箱"中的素材"02.tif"添加到"时间线"面板中的"V1"视频轨道上。把鼠标指针移动到"时间线"面板中"02.tif"的结尾处，当鼠标指针变成█形状时单击，拖动鼠标至与音频相匹配的长度位置，如图 7-81 所示。

片尾制作
操作视频

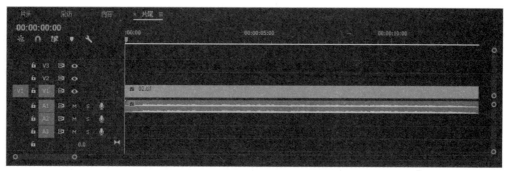

图7-81　调整与音频相匹配的长度

（2）按 Ctrl+T 组合键新建字幕文件，并命名为"片尾"，选择"文字工具" T ，在字幕工作区中拖曳出一个文字输入的范围框，然后输入所需文字并设置文字属性。在字幕动作栏中单击"水平居中"按钮进行位置调整，如图 7-82 所示。

（3）单击"滚动 / 游动选项"按钮 ，弹出的"滚动 / 游动选项"对话框，在"字幕类型"栏中选中"滚动"单选按钮，在"定时（帧）"栏中选中"开始于屏幕外"和"结束于屏幕外"复选框，单击"确定"按钮，如图 7-83 所示，关闭并自动保存字幕。

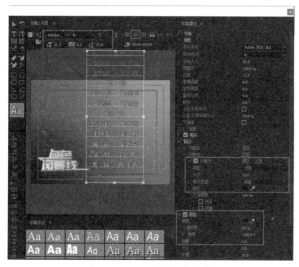

图7-82　设置文字属性

图7-83　"滚动/游动选项"对话框

（4）在"项目"面板中选中"片尾"字幕文件并拖曳到"时间线"面板中的"V2"轨道上，如图 7-84 所示。至此片尾字幕制作完成。

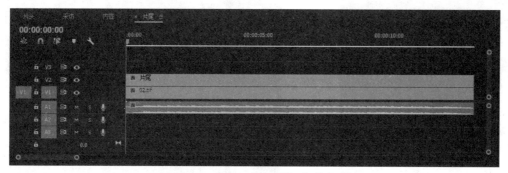

图7-84　添加"片尾"字幕文件

（1）按 Ctrl+N 组合键新建序列并命名为"输出"，把"序列素材箱"中的素材"片头""内容""片尾"添加到"时间线"面板中，打开"效果"面板，选择"视频过渡"→"溶解"选项，将"交叉溶解"效果拖曳到"时间线"面板中的"片尾"素材上，如图 7-85 所示。

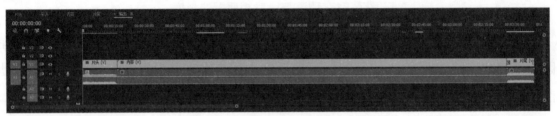

图7-85 添加"交叉溶解"效果

（2）选中需要输出的序列或节目面板，按 Ctrl+M 组合键，弹出"导出设置"窗口，单击"输出名称"后面的链接，在弹出的"另存为"对话框中输入文件名"蓝色风景线 .avi"，单击"保存"按钮，如图 7-86 所示。返回"导出设置"窗口，单击"导出"按钮，如图 7-87 所示。《蓝色风景线》制作完成，最终效果如图 7-88 所示。

图7-86 "另存为"对话框

图7-87 "导出设置"窗口

图7-88 最终效果

《"陶艺大赛"
新闻报道》
操作视频

强化考核任务

"蓝色风景线"——《"陶艺大赛"新闻报道》

案例知识点提示

新建时间序列;导入所需图片素材和音频素材;制作片头;剪辑素材;编辑同期声;制作字幕;制作片尾; 导出 AVI 格式影片。

案例欣赏

制作《"陶艺大赛"新闻报道》,最终效果如图 7-89 所示。

图7-89 最终效果

案例素材提供

Premiere Pro CC 视频编辑 / 模块 7/ 陶艺大赛 / 素材。